FORSCHUNGSBERICHTE DES LANDES NORDRHEIN-WESTFALEN

Herausgegeben

im Auftrage des Ministerpräsidenten Dr. Franz Meyers

von Staatssekretär Professor Dr. h. c. Dr. E. h. Leo Brandt

Nr. 966

Prof. Dr.-Ing. Dr.-Ing. E. h. Otto Kienzle, Hannover

Dr.-Ing. Klaus Grüning, Hannover

Verein Deutscher Ingenieure, Düsseldorf

Über die Beanspruchungsverhältnisse in Blockaufnehmern von Strangpressen

Als Manuskript gedruckt

Springer Fachmedien Wiesbaden GmbH

ISBN 978-3-663-03771-2 ISBN 978-3-663-04960-9 (eBook)
DOI 10.1007/978-3-663-04960-9

G l i e d e r u n g

0 Einführung

01 Die Beanspruchungen eines Blockaufnehmers

Das Strangpressen ist eine Massivumformung vom Guß- oder Walzblock zur Profilstange. Unter den Umformverfahren gehört es zu denjenigen, bei denen äußere Druckkräfte die Umformung bewirken. Zylindrische Blöcke, die bei NE-Metallen meist durch Gießen, bei Stahl durch Walzen hergestellt sind, werden durch den formgebenden Durchbruch eines düsenartigen Hohlwerkzeuges - der Matrize - gedrückt. Die Möglichkeiten der Herstellung verschiedener Profilformen sind erheblich vielseitiger als z.B. beim Walzen und Ziehen, zumal auch Rohre und andere Hohlprofile beliebigen Querschnitts aus hohlen Blöcken über Dorne gepreßt werden können. Der Rohling wird in einem von der Matrize abgeschlossenen Zylinder aufgenommen und durch einen Kolben, den Stempel, unter so hohen Druck gesetzt, daß er zu fließen beginnt und Stoff durch die Matrize austritt. Diese Drücke werden wir als Umformdrücke kennenlernen.

Abbildung 1*) zeigt den Werkzeugsatz einer Metallrohrstrangpresse. Zum Strangpressen dienen hydraulische Pressen meist liegender Bauart, die zu den größten Werkzeugmaschinen zählen und Preßkräfte bis zu 20 000 Mp auszuüben vermögen.

011 Umformdrücke

Nach der Geometrie des Umformraumes - der zylindrischen Bohrung des Blockaufnehmers - kann man die Umformdrücke in eine axiale und eine radiale Komponente zerlegen. Der radiale Innendruck muß vom Blockaufnehmer aufgenommen werden; dieser erleidet dabei hohe tangentiale Zugspannungen, die zum Reißen des Werkzeuges führen können.

Die Umformdrücke sind nach TRESKA, MOHR u.a. maßgeblich durch den Formänderungswiderstand bestimmt; dieser hängt wiederum von der Preßtemperatur, der Umformgeschwindigkeit und der Reibung ab; diese Größen sind von Ort zu Ort verschieden. Einen wesentlichen Einfluß auf den Formänderungswiderstand hat das Umformverhältnis, d.i. das Verhältnis zwischen dem Querschnitt des Blockes und dem Hohlquerschnitt der Matrize. Dazu kommt, daß bei Querschnitten, die erheblich von runden und symmetrischen Formen abweichen, sonst gleiche Geschwindigkeiten in der Umformzone ungleich werden.

---

*) Sämtliche Abbildungen befinden sich im Anhang

012 Wärmespannungen

Man verarbeitet die umzuformenden Metalle oberhalb der Rekristallisationstemperatur, damit die Umformdrücke nicht allzu groß werden. Damit die Blöcke ihre Temperatur während des Umformvorganges möglichst unverändert beibehalten, werden die Blockaufnehmer mittels elektrischer Widerstands- oder Induktionserwärmung vor dem Einsetzen des heißen Blockes oder auch während des Betriebes beheizt.

Einer unerwünschten Abkühlung des Preßgutes wirkt auch die beim Umformen im Blockwerkstoff entstehende Wärme sowie die außen entstehende Reibwärme entgegen; u.U. sind diese Wärmemengen so groß, daß ein Teil durch Kühlung des Mantels abgeführt werden muß.

Durch die Verarbeitung heißer Blöcke und durch die Beheizung oder Kühlung des Werkzeuges bildet sich im Blockaufnehmer ein Temperaturfeld mit Gefälle in radialer und axialer Richtung aus. Dabei dehnt sich der Aufnehmer an verschiedenen Stellen unterschiedlich, und es entstehen Wärmespannungen.

Während die Verarbeitungstemperaturen verschiedener NE-Metalle, zu denen auch die Leichtmetalle zählen (Abb. 3), unter der Anlaßtemperatur der verwendeten Werkzeugstähle liegen, kann es bei den höheren Temperaturen bekannter Schwermetalle je nach Länge der Berührzeit bei ungenügender Wärmeableitung zu einer übermäßigen Erwärmung des Werkzeuges kommen, so daß seine Warmfestigkeit bzw. Anlaßbeständigkeit überschritten wird.

Die ständigen Temperaturschwankungen verursachen wechselnde Druck- und Zugspannungen in der Werkzeugoberfläche, die das Gefüge zerrütten und zu netzförmig verlaufenden Rissen führen können. Diese thermischen Beanspruchungen hat K. LAUE erstmalig untersucht [30].

013 Reibung

Beim Preßvorgang entstehen außen am Preßgut Reib- und Scherkräfte; sie haben einen wesentlichen Einfluß auf die axiale Preßkraft. Die Reibung verursacht an der Innenwand des Blockaufnehmers einen Verschleiß, durch den die Büchse unbrauchbar werden kann.

Hinsichtlich der Reibverhältnisse unterscheidet man zweierlei Strangpreßverfahren [31]:

1. Pressen mit Schale und trockenem Blockaufnehmer (sog. Dick-Strangpressen nach dem Erfinder A. DICK),

2. Pressen ohne Schale, aber mit geschmiertem Blockaufnehmer (auch Fließstrangpressen entsprechend der Fließpreßmethode genannt).

Beim ersten Verfahren wird mit einer Preßscheibe gearbeitet, die um einige Millimeter kleiner als die Bohrung des Aufnehmers ist, und die beim Pressen an der Bohrungswand eine Schale zurückläßt. Damit entsteht Gleitreibung nur zwischen Preßscheibe und Preßgut und an den Matrizenflächen, während zwischen Preßgut und zurückbleibender Schale Scherkräfte wirksam werden. Beim zweiten Verfahren entsteht keine Schale, weil zwischen Preßscheibe und Blockaufnehmer-Bohrung nur wenig Spiel vorhanden ist. Es entsteht Gleitreibung zwischen dem Preßgut und der Bohrungswand des Blockaufnehmers.

Die Beanspruchungen, denen ein Blockaufnehmer während seiner Arbeitszeit ausgesetzt ist, setzen sich aus den Umformdrücken und den Wärmespannungen zusammen. Die dazu kommenden Reib- und Scherkräfte, die zu axialen Spannungen führen, sind im Verhältnis zu ersteren gering und brauchen in der Berechnung nicht berücksichtigt zu werden.

02 Maßnahmen zur Aufnahme der Beanspruchungen

Der am meisten gefährdete Werkzeugteil des Aufnehmers ist seine Innenwand. Die hohen Beanspruchungen können bei sparsamem Werkstoffaufwand günstig aufgenommen werden, wenn man den Blockaufnehmer in zwei oder mehr Ringe aufteilt. Diese werden durch wohl berechnete Preßpassungen derart ineinander gefügt, daß in der Bohrungswand des Innenrings, hier Büchse genannt, wo im Betrieb tangential die größten Zugspannungen entstehen, im Ruhezustand Druckspannungen wirken. Diese werden durch die beim Pressen auftretenden Zugspannungen zunächst abgebaut, dann erst wird der innere Aufnehmerteil auf Zug beansprucht. Es steht also ein größerer Bereich für die Beanspruchung zur Verfügung. Der Werkstoff wird am besten ausgenutzt, wenn alle Preßpassungs-Ringe in gleichem Verhältnis zu ihrer Streckgrenze beansprucht werden.

Der äußere Aufnehmerteil - der Mantel - steht ausschließlich unter tangentialen Zugspannungen, die durch die Fugenpressung entstehen und durch die Betriebsspannungen erhöht werden. Entscheidend ist, daß die Außenteile der Innenbüchse eine ausreichende Druckvorspannung verleihen. Diese Dinge sind durch H.-J. FRIEDEWALD eingehend dargestellt worden [13]

In vielen Fällen reicht eine Zweiteilung des Blockaufnehmers nicht aus. Dann ist eine mehr als zweiteilige Ausführung wirtschaftlicher, als wenn nur die Wanddicken vergrößert oder höherwertige Werkzeugstoffe verwendet würden.

Die Form der Paßfuge ist entweder kreiszylindrisch oder kreiskegelig. Das Aufbringen des Mantels auf die Büchse erfolgt allgemein durch eine Querpreßpassung, nämlich durch Schrumpfen. Eine Längspreßpassung kommt hier kaum infrage, da die Einpreßkräfte bei den großen Fugenflächen und den verhältnismäßig großen Übermassen sehr hoch wären. Bei der kreiszylindrischen Form muß beim Schrumpfen die Temperatur so gewählt werden, daß zum Einführen der kalten Büchse in den Mantel ein ausreichendes Spiel vorhanden ist. Eine leicht kegelige Form erleichtert das Einführen der Büchse.

03 Einflußgrößen

Bevor die eigenen Untersuchungen beschrieben werden, soll eine Reihe von Einflußgrößen genannt werden, die neben den eigentlichen Beanspruchungen für die Bemessung und Auslegung dieser Werkzeuge bedeutsam sind.

031 Belastungslänge

Blockaufnehmer werden zu Anfang jedes Preßvorganges fast auf der gesamten Länge beansprucht; dabei steigt die Beanspruchung von der Matrizen- zur Kolbenseite wegen der Reibkräfte an, während das über die stempelseitige Stirnfläche des Blockes hinausragende Endstück des Aufnehmers unbelastet bleibt. Während des Preßvorganges verkürzt sich das belastete Aufnehmerteil. Für die Bemessung des Blockaufnehmers kommt jedoch der größte Preßdruck und die größte Belastungslänge zu Preßbeginn infrage.

032 Maß- und Formfehler beim Fügen

Maß- und Formfehler wirken unmittelbar auf die Fugenpressung. Jedenfalls sind bei Vorhandensein von Formfehlern (ballig, unrund, kegelig) die Fugenpressungen in der Fuge örtlich verschieden. Wenn die Formfehler innerhalb des Toleranzfeldes verlaufen, so wirken sie günstig, weil sie die Fugenpressung über ihr zulässiges Mindestmaß erhöhen. Wenn sie aber das Toleranzfeld überschreiten, können sie die Belastbarkeit des Aufnehmers beeinträchtigen.

Auch die Mikrogestalt der Fugenflächen hat Einfluß auf die Fugenpressung. Das gemessene Übermaß wird um den Betrag des bei der Schrumpfung zu Tage tretenden Übermaßverlustes als Folge des Fehlens von Stoff in den

Rauhtälern kleiner; der verbleibende Maßunterschied zwischen Welle und Bohrung heißt Haftmaß, er bestimmt die Vorspannung.

033 Temperaturfeld

Infolge der Widerstands- oder Induktionserwärmung und der Wärmeaufnahme aus dem Block bildet sich ein Temperaturfeld aus, dessen innere Isothermen etwa konzentrisch zur Büchsenbohrung verlaufen. Die elektrische Blockaufnehmerheizung ist meistens im Mantel des Preßverbandes angeordnet. Am Ende des Anheizens ist daher die Büchse kälter als der Mantel, so daß Haftmaß und Fugenpressung wegen der unterschiedlichen Wärmeausdehnung vermindert werden. Wird nun der erste Block eingesetzt, so kommt die Büchse unter den vollen radialen Innendruck, während ihre Vorspannung möglicherweise ungenügend ist. In vielen Fällen wird daher vor Preßbeginn das Anheizen des Blockaufnehmers durch eine Innenheizung unterstützt. Die Büchse wird dadurch heißer als der Mantel, so daß mit Sicherheit die volle Vorspannung wirksam ist. Eine Verminderung der Vorspannung kann auch durch Abkühlung der Büchse in Betriebspausen entstehen. Bei der Verarbeitung vor Schwermetallen darf andererseits die Erwärmung der Büchse nicht zu stark werden, da sonst die Fugenpressung ihr für den Mantel zulässiges Maß überschreiten und zudem die Warmfestigkeit der Büchse so verringert werden könnte, daß bleibende Dehnungen eintreten und die Vorspannungen verlorengehen würden.

034 Heizbohrungen

Die elektrische Blockaufnehmerheizung wird in der Regel im Außenteil des Aufnehmers in achsparallelen Heizbohrungen verteilt angeordnet. Die Wand des Mantels verliert durch diese Bohrungen an Steifigkeit, so daß die für den ungebohrten Mantel berechnete Fugenpressung nicht erreicht wird. Bei der Widerstandsheizung wird der Mantel der dickeren Heizstäbe wegen mehr geschwächt als bei Induktionserwärmung. Der genaue Einfluß dieser Bohrungen auf die zulässigen radialen Innendrücke eines Blockaufnehmers ist nicht bekannt. Bis jetzt wird er bei der Bemessung im allgemeinen als vernachlässigbar klein angesehen. Das ist aber nicht zulässig, wie im Abschnitt 2 näher untersucht wird.

04 Standmenge

Die Innenwand des Blockaufnehmers, d.i. die Wirkfläche, ist infolge der Reibung zwischen Werkstoff und Werkzeug einem Verschleiß ausgesetzt, durch den die Büchse nach einer gewissen Anzahl von Pressungen unbrauchbar wird. Die Standmenge eines Blockaufnehmers ist die mögliche Anzahl der Pressungen. Bei der Strangpreß-Matrize wählt man als Maß der Lebensdauer besser die "Standlänge", d.h. die Gesamtlänge der durch sie hindurch gepreßten Stränge.

Günstig ausgelegte Blockaufnehmer erliegen nicht durch Bruch, sondern durch Verschleiß. Hierbei rechnet man bei schwer preßbaren Legierungen je nach Verarbeitungstemperaturen im allgemeinen mit 15 000 bis 20 000 Pressungen; bei leicht preßbaren Legierungen, wie z.B. MS 58, können 50 000 bis 100 000 Pressungen erreicht werden [38]. Da der Verschleiß des Aufnehmers vornehmlich an seinem matrizenseitigen Ende auftritt, kann der gesamte Blockaufnehmer nach Erreichen der erträglichen Verschleißgrenze seitenvertauscht weiterverwendet werden; das vorher stempelseitige Ende des Blockaufnehmers liegt nun auf der Seite der Matrize. Die Standmenge wird durch diese Maßnahme nahezu verdoppelt. Nach dem Verschleiß beider Seiten der Innenbüchse wird sie durch eine neue ersetzt; das bedeutet nicht nur einen hohen Aufwand, sondern auch eine kostspielige Unterbrechung der Fertigung. Bei zu gering vorgespannten Innenbüchsen kann es unter dem ständigen Zug-Druck-Wechsel zu vorzeitigen Ermüdungsbrüchen kommen.

05 Gegenstand und Ziel der Arbeit

Der hohe Wert eines Blockaufnehmers rechtfertigt die Mühe einer genauen Berechnung. Deshalb wurden von FRIEDEWALD [13] Berechnungsgrundlagen erarbeitet, die hauptsächlich zwei- und dreiteilige Preßpassungen behandeln. Zur Berechnung selbst fehlt es aber an der Kenntnis der betrieblichen Einflußgrößen, vor allem der Innendrücke, die durch die Umformung entstehen.

Der Verfasser dieser Arbeit hat es sich zum Ziel gesetzt, hierfür auf Grund von Versuchen Berechnungsunterlagen zu liefern und für den Preßpaßverband Büchse - Mantel eine passende Berechnungsart vorzuschlagen.

In erster Linie entscheiden die in der Fuge einer Preßpassung wirkenden Fugenpressungen über die Tragfähigkeit des Umformwerkzeuges. Die Fugenpressungen werden bis jetzt auf Grund der elastischen Eigenschaften der Preßpassungsringe berechnet. Um eine Kontrolle zu haben, ob das Haftmaß wirksam geworden ist oder durch früher beobachtete bleibende Dehnungen infolge hoher Schrumpftemperaturen [42] die elastische Vorspannung zum Teil aufgezehrt wird, ist es erforderlich, die Fugenpressung nach dem Fügen zu bestimmen. Bleibende Dehnungen solcher Art treten bei den für das elastische Verhalten der Werkstoffe berechneten Preßpassungen nur bei Querpreßpassungen auf, dennoch ist es zweckmäßig, auch bei kalt gefügten Längspreßpassungen durch Messung eine Fertigungskontrolle zu besitzen. Es ist nicht möglich, die Fugenpressung nach dem Fügen ohne Zerstörung des Werkzeuges [5] zu messen. An Hand von einigen Messungen wird im ersten Abschnitt dieser Arbeit gezeigt, wie durch vergleichende Messungen der elastischen Durchmesseränderungen an einem neuen Blockaufnehmer die mittlere Fugenpressung bestimmt werden kann. Es wird sich dabei zeigen, daß die gemessenen Formänderungen durchaus dem verwirklichten Haftmaß entsprechen und kein Einfluß der Schrumpfwärme vorhanden ist, da die Warmstreckgrenze nicht überschritten wird.

In welcher Form die in Blockaufnehmer-Mänteln vorhandenen achsparallelen Heizbohrungen die zulässigen radialen Innendrücke beeinflussen, ist noch nicht bekannt. Im zweiten Abschnitt wird dieser Einfluß an Modell-Ringen untersucht und die Wirkung der Bohrungen gemessen. Der Einfluß der Heizbohrungen soll ähnlich wie die Wirkung von Kerben in einem Stab in einer Formzahl α zusammengefaßt werden, die dann in der Berechnung berücksichtigt wird.

Die Grundlage der Berechnung von Blockaufnehmern bilden die radial auf die Innenwand der Büchse wirkenden Drücke; für die Werkzeugmaschine - die Strangpresse - und für die Matrizen sind die axialen Drücke wichtig. Auf die Umformdrücke wird im dritten Abschnitt eingegangen. Sie wurden für einige Metalle gemessen. Hier wird auch die Temperaturverteilung im Werkzeug angegeben wie sie sich beim Strangpressen im Versuchsfeld einstellte.

Durch diese Versuche werden die Voraussetzungen für die Rechnung gegeben sein. Diese führt man indes bei mehreren Preßpaßringen mühsam und schrittweise von zweiteiligen Preßverbänden ausgehend durch. Der Verfasser schlägt daher eine Berechnungsart vor, die sich als einfacher erweist, weil sie mit verhältnismäßig einfachen Formeln für Preßpaßverbände mit beliebig vielen Ringen in einem einzigen Rechnungsgang durchgeführt werden kann. Bei der Betrachtung der Haftmaße soll außerdem der Zusammenhang zwischen der Tragfähigkeit eines Blockaufnehmers und der fertigungstechnisch bedingten Haftmaßtoleranz dargelegt werden.

Im Anschluß daran wird im fünften Abschnitt der bis heute noch nicht untersuchte Einfluß der Wärmespannungen auf die Belastbarkeit rechnerisch untersucht. Die Wärmebeanspruchung wird in einem Faktor zusammengefaßt und ähnliche Formeln wie im vierten Abschnitt entwickelt, die für den Fall mechanischer und thermischer Beanspruchung anzuwenden sind.

1 Messung der Fugenpressung im neuen Zustand

11 Meß- und Rechengrößen

Die erforderliche Fugenpressung ist für die Belastbarkeit eines Blockaufnehmers so wesentlich, daß auf ihre Erzeugung besondere Sorgfalt angewandt werden muß. Versuche, die Fugenpressung mit Ultraschall [18] zu messen, haben gezeigt, daß das von einer Preßpassungsfuge zurückgeworfene Ultraschall-Echo mit wachsender Fugenpressung geringer wird. Da es jedoch an einer Vergleichsgelegenheit fehlt, ist es wegen verschiedener Einflüsse auf das Echo, wie z.B. der Rauheit der Fugenfläche, nur möglich, aus einem Ultraschall-Befund eine qualitative Aussage über die Güte des Preßpassungsverbandes zu machen.

Eine Vergleichsmöglichkeit könnte in Form von Ringen mit gleichen Durchmessern wie der Blockaufnehmer geschaffen werden, die an einer Stirnfläche der Blockaufnehmerbauteile befestigt werden und deren Fertigungsweg mit durchlaufen. Nach dem Fügen würden die Ringe, die nun auch eine Preßpassung bilden, vom Blockaufnehmer gelöst und Sektoren ausgeschnitten. Diese könnten in einer geeigneten Vorrichtung belastet und das Ultraschall-Echo in Abhängigkeit von der Flächenpressung in den Fugen aufgenommen werden. Bleibt die Oberflächenbeschaffenheit der Fugenflächen längs des Werkzeuges einschließlich der Prüf-Ringe etwa gleich, so könnte der Zusammenhang zwischen dem Echo und der Flächenpressung als Vergleich für eine Ultraschallprüfung der Werkzeugfuge dienen. Die Entwicklung ist auf diesem Gebiet noch nicht abgeschlossen [27].

Die Fugenpressung kann aus den elastischen Formänderungen eines Blockaufnehmers im neuen Zustand bestimmt werden. Dieses Verfahren liefert aber nur Mittelwerte, da sich mögliche örtliche Schwankungen der Fugenpressung nicht oder nur sehr wenig bemerkbar machen. Für das Vorhandensein örtlicher Unterschiede ist die Ultraschallprüfung nützlich.

Bei der Berechnung der Spannungen und Dehnungen für das elastische Verhalten von dickwandigen Rohren unter Innen- oder Außendruck wird vom ebenen Spannungszustand ausgegangen. Diese Voraussetzung erscheint zulässig, da Blockaufnehmer verhältnismäßig kurze Rohre sind, deren Enden sich frei verformen können, und da auch die durch die Reibung beim Pressen entstehenden axialen Spannungen gegenüber den radialen und tangentialen gering sind. Für diesen Fall und wegen der axialen Symmetrie gilt für das Gleichgewicht der Kräfte an einem Volumenelement die Bedingung nach FÖPPL [12] und BACH [3]

$$\frac{\partial \sigma_r}{\partial r} + \frac{\sigma_r - \sigma_t}{r} = 0 \quad . \tag{1}$$

Zwischen den Spannungen, Dehnungen und der Verschiebung in radialer Richtung bestehen nach dem Hooke'schen Gesetz die Zusammenhänge

$$E \cdot \varepsilon_r = E \cdot \frac{\partial e}{\partial r} = \sigma_r - \frac{1}{m} \cdot \sigma_t$$

(2)

$$E \cdot \varepsilon_t = E \cdot \frac{e}{r} = \sigma_t - \frac{1}{m} \cdot \sigma_r \quad .$$

Setzt man die aus Gl. (2) eleminierten Größen σ_r und σ_t in Gl. (1) ein, erhält man für die Verschiebung e(r) die homogene Differentialgleichung zweiter Ordnung

$$\frac{\partial^2 e}{\partial r^2} + \frac{\partial \frac{e}{r}}{\partial r} = 0 \tag{3}$$

die unmittelbar integriert werden kann. Für die Bestimmung der Integrationskonstanten steht die Bedingung zur Verfügung, daß die Normalspannung an den freien zylindrischen Flächen, d.h. die Radialspannung an der Außenfläche und an der Innenfläche verschwindet. Die Lösung der Differentialgleichung führt zu den in Tafel 1 zusammengestellten Formeln für die Spannungen und Verschiebungen in dickwandigen Rohren oder Büchsen unter Innen- und Außendruck; dabei sind statt der Halbmesser die Durchmesser gesetzt. Ferner ist gemäß DIN 7190 [8] das Durchmesserverhältnis $Q = D_i/D_a$ eingeführt. Die Formeln gelten für elastisches Verhalten der Werkstoffe, d.i. bis zur Elastizitätsgrenze, angenähert jedoch bis zur Fließgrenze.

Die Fugenpressung p_F einer Preßpassung wirkt als radialer Außendruck auf das Innenteil und als radialer Innendruck auf die äußere Büchse. Unter ihr verändern sich die Durchmesser der freien Innen- und Außenränder. Mißt man diese Durchmesseränderungen, so kann man auf die Fugenpressung schließen. Gemäß Gl. (8) für die Radialverschiebung in Tafel 1 wird die Fugenpressung aus der Verkleinerung der Bohrung bestimmt:

$$p_F = e_{Ji} \; \frac{E}{D_{Ji}} \cdot \frac{1 - Q_J^2}{2} \quad . \tag{4}$$

T a f e l 1

Spannungen und Dehnungen dickwandiger Rohre
unter Innen- und Außendruck nach BACH [3]

Art der Belastung		Spannungen und Dehnungen	
Innendruck p_r (Außenring)	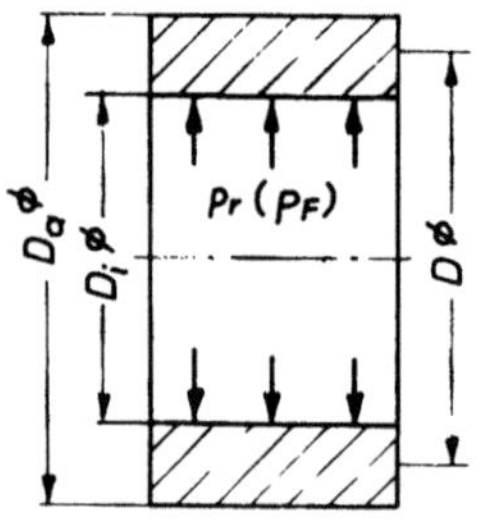	Radialspannung $\sigma_r = -p_r \cdot \frac{Q^2}{1-Q^2} \cdot \left[\frac{D_a^2}{D^2} - 1\right]$	(1)
		Tangentialspannung $\sigma_t = p_r \cdot \frac{Q^2}{1-Q^2} \cdot \left[\frac{D_a^2}{D^2} + 1\right]$	(2)
		Hauptspannungsdifferenz $\sigma_t - \sigma_r = p_r \cdot \frac{Q^2}{1-Q^2} \left[2 \cdot \frac{D_a^2}{D^2}\right]$	(3)
		bezogene Radialverschiebung $\frac{e}{D} = \frac{1}{E} p_r \cdot \frac{Q^2}{1-Q^2} \cdot \left[(1-\frac{1}{m})+(1+\frac{1}{m}) \frac{D_a^2}{D^2}\right]$	(4)
Außendruck p_F (Innenring)	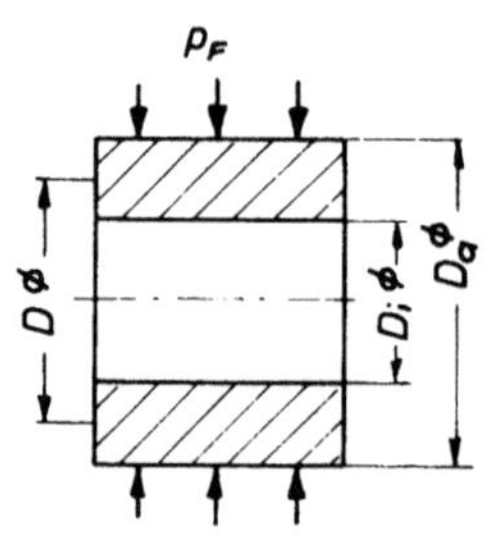	Radialspannung $\sigma_r = -p_F \cdot \frac{1}{1-Q^2} \cdot \left[1 - \frac{D_i^2}{D^2}\right]$	(5)
		Tangentialspannung $\sigma_t = -p_F \cdot \frac{1}{1-Q^2} \cdot \left[1 + \frac{D_i^2}{D^2}\right]$	(6)
		Hauptspannungsdifferenz $\sigma_t - \sigma_r = -p_F \cdot \frac{2}{1-Q^2} \cdot \frac{D_i^2}{D^2}$	(7)
		bezogene Radialverschiebung $\frac{e}{D} = -\frac{1}{E} p_F \cdot \frac{1}{1-Q^2} \left[(1-\frac{1}{m})+(1+\frac{1}{m}) \cdot \frac{D_i^2}{D^2}\right]$	(8)

Für die Aufweitung des Mantels am Außendurchmesser wird aus der entsprechenden Verschiebungsgleichung für Ringe unter radialem Innendruck ebenfalls p_F bestimmt:

$$p_F = e_{Aa} \cdot \frac{E}{D_{Aa}} \cdot \frac{1 - Q_A^2}{2 Q_A^2} \quad . \qquad (5)$$

Die Fugenpressung wird durch das tatsächlich vorhandene Haftmaß Z erzeugt, so daß wir mit

$$Z = e_{Ai} + e_{Ja} \qquad (6)$$

eine dritte Gleichung aus Tafel 1 erhalten:

$$p_F = Z \cdot \frac{E}{D_F} \cdot \frac{(1-Q_J^2)(1-Q_A^2)}{2(1-Q^2)} \quad . \qquad (7)$$

Die aus den Größen e_{Ii}, e_{Aa} und Z bestimmten Fugenpressungen müssen übereinstimmen, wenn die Innenbüchse die gewünschte Druckvorspannung erhält und die Warmstreckgrenze beim Schrumpfen nicht überschritten wurde [42].

Das Haftmaß Z wird vor dem Fügen des Preßpassungsverbandes aus dem Übermaß U und dem möglichen Übermaßverlust ΔU bestimmt. Ferner werden die Durchmesser der Büchsenbohrung und des Mantelumfanges vor und nach dem Schrumpfen gemessen und aus ihnen die Größen e_{Ii} und e_{Aa} gebildet.

In Tafel 2 sind die Meß- und Rechengrößen für die Bestimmung der mittleren Fugenpressung zwischen zwei Blockaufnehmer-Büchsen, die noch nicht im Betrieb eingesetzt waren, zusammengestellt. Da die mikrogeometrischen Größen einen verhältnismäßig geringen Einfluß auf die Fugenpressung haben, können die Glättungsgrößen bei den üblichen Bearbeitungsverfahren für Fugenflächen an Blockaufnehmern, wie z.B. Feindrehen, nach SCHMALTZ [47] ohne Messung zu 60 % der größten Rauhtiefe angenommen werden.

Tafel 2

Übersicht über die Meß- und Rechengrößen zur Bestimmung der Fugenpressung im neuen Zustand

	Makro-Geometrie	*Mikro-Geometrie*
vor dem Schrumpfen	*Innendurchmesser* D'_{Ji} *Außendurchmesser* D'_{Ja} *Innendurchmesser* D'_{Ai} *Außendurchmesser* D'_{Aa}	*Größte Rauhtiefe* R_{Ja} *Größte Rauhtiefe* R_{Ai}
nach dem Schrumpfen	*Innendurchmesser* D''_{Ji} *Außendurchmesser* D''_{Aa}	
Rechengrößen	*Durchmesserverringerung* $e_{Ji} = -(D''_{Ji} - D'_{Ji})$ [µm] *Durchmesservergrößerung* $e_{Aa} = (D''_{Aa} - D'_{Aa})$ [µm] *Übermaß* $U = D'_{Ja} - D'_{Ai}$ [µm] *Haftmaß* $Z = U - \Delta U$ [µm]	*Glättungsgröße* $G = 0{,}6\,R$ (angenommen) [µm] *Übermaßverlust* $\Delta U = 2(G_{Ai} + G_{Ja})$ [µm]

12 Durchgeführte Messungen

Für die Messung der beschriebenen Größen standen zwei kleine Versuchsblockaufnehmer (Nr. 1 (32 ∅) in Abbildung 24 und Nr. 2 (40 ∅) in Abbildung 23) und ein Blockaufnehmer (Nr. 3 (155 ∅) in Abbildung 4) für eine 1500-Mp-Strangpresse zur Verfügung. Alle drei Preßpassungsverbände waren zweiteilig. Die verwendeten Stähle sind in Tafel 3 angegeben.

T a f e l 3

Übersicht der für drei Blockaufnehmer eingesetzten Warmarbeitsstähle

Blockaufnehmer		Werkstoff-Nr.	Richt-Analyse C	Si	Mn	P u. S	Cr	Mo	V	Vergütungsfestigkeit [kp/mm²]
1(32 ∅)	Büchse	2365	0,30	0,40	0,40	0,025	3,0	2,8	0,50	160
	Mantel	2365	0,30	0,40	0,40	0,025	3,0	2,8	0,50	160
2(40 ∅)	Büchse	2365	0,30	0,40	0,40	0,025	3,0	2,8	0,50	160
	Mantel	2311	0,40	0,25	1,50	0,035	2,0	0,2	–	120
3(155 ∅)	Büchse	2323	0,45	0,25	0,70	0,025	1,5	0,7	0,3	140
	Mantel	2311	0,40	0,25	1,50	0,035	2,0	0,2	–	100

Der Versuchsblockaufnehmer 1 war mit einer Büchsenbohrung von 32 mm ∅, einem Fugendurchmesser von rd. 92 mm und einem Mantelaußendurchmesser von 280 mm ausgeführt. Der Mantel bestand aus sechs Ringscheiben, zwischen denen dünne Bronzeringe einen Abstand von 0,1 mm hielten. Die Scheiben waren einzeln auf die einteilige Innenbüchse durch Erwärmung auf rd. 550°C geschrumpft.

Der zweite Blockaufnehmer mit einer Büchsenbohrung von 40 mm ∅ und einem Mantelaußendurchmesser von 240 mm besaß etwa den gleichen Fugendurchmesser. Die Fuge war leicht kegelig. Diese Fugen-Form sollte lediglich den Fügevorgang durch bequemeres Einführen der Büchse in das Außenteil erleichtern. Der Mantel des zweiten Versuchsblockaufnehmers (40 ∅) war einteilig. Beide Werkzeuge besaßen, da sie für die gleiche Versuchs-Presse vorgesehen waren, die gleiche Länge von 162 mm. Der 40-mm-Aufnehmer wurde mittels Längspreßpassung hergestellt, indem die Büchse unter einer kräftigen Presse mit rd. 100 Mp in den kalten Mantel eingepreßt wurde.

Auf die Bestimmung der Durchmesseraufweitung des Mantels unter der Fugenpressung wurde bei den Versuchsaufnehmern 1 und 2 verzichtet, da die Messung des Haftmaßes und der Bohrungsverringerung schon eine ausreichende Vergleichsmöglichkeit bot.

Die Innendurchmesser wurden mit dem selbstzentrierenden Innenmeßgerät "Intrameß" der Fa. Carl Mahr, Eßlingen a.N. mit einer Meßuhr mit 0,01 mm Teilung gemessen. Zur Messung der Außendurchmesser der Innenbüchsen diente das Universal-Meßmikroskop der Fa. Carl Zeiß.

Die Oberfläche der Fugen wurde im Oberflächenmeßgerät nach Forster der Fa. Ernst Leitz abgetastet. Die Rauheit der Mantel-Innenfläche mußte auf dem Umweg über einen Abdruck gemessen werden. Die gemessenen Größen sind in Tafel 4 angegeben. Aus dem Haftmaß und der Durchmesserverringerung wurde gemäß Gl. (4) und (7) die Fugenpressung errechnet. Bei beiden

Tafel 4

Bestimmung der Fugenpressung an einer Quer- und einer Längspreßpassung

1	Blockaufnehmer		1 (32 ∅)	2 (40 ∅)	–
2	Art der Preßpassung		Quer ~	Längs ~	–
3	Innendurchmesser D'_{Ji} 1) vor	dem Schrumpf.	31,965	40,010	mm
4	D''_{Ji} nach	dem Schrumpf.	31,845	39,945	mm
5	Fugendurchmesser D_{Ja} 2)		91,65	91,63	mm
6	D_{Ai}		91,26	91,45	mm
7	Kegel der Fugenfläche	der Büchse	1 : 97	1 : 106	–
8		des Mantels	1 : 97	1 : 106	–
9	Größte Rauhtiefe	R_{Ja}	2	2	μm
10		R_{Ai}	16	4	μm
11	Durchmesserverringerung e_{Ji}		120	65	μm
12	Übermaß $U = D_{Ja} - D_{Ai}$		390	180	μm
13	Übermaßverlust $\Delta U = 2 (G_{Ai} + G_{Ja})$ $(G \sim 0{,}6\, R)$		22	8	μm
14	Haftmaß $Z = U - \Delta U$		368	172	μm
15	Fugenpressung errechnet aus dem Haftmaß Z	p_F	33,9±0,8 3)	14,1±0,8 3)	kp/mm^2
16	der Durchmesserverringerung e_{Ji}	p_F	34,5±1,5 3)	13,7±1,1 3)	kp/mm^2

1) Mittel von je 2 Messungen um 90° versetzt in 4 zur Achse senkrechten Ebenen

2) Je 2 Messungen um 90° versetzt in 6 Ebenen senkrecht zur Achse umgerechnet auf das größere Kegelende

3) mittlerer Fehler des Mittels gemäß [62]

Blockaufnehmern ergab sich eine gute Übereinstimmung (Zeile 15 + 16 in Tafel 4). Das bedeutete, daß das Haftmaß voll wirksam geworden war und eine der Durchmesserverringerung entsprechende Druckspannung am Innenrand der Büchse erzeugt hatte. Die aus der Durchmesserverringerung errechnete Fugenpressung der Querpreßpassung weicht um rd. 2 % nach oben und die der Längspreßpassung um etwa 2,5 % nach unten ab. Diese Abweichung liegt innerhalb der Meßstreuung.

Die Maße des großen für eine Preßkraft von 1500 Mp vorgesehenen Blockaufnehmers 3 sind in Abbildung 4 angegeben. Zur Messung der Durchmesseränderung am Außenrand des Mantels wurden in drei senkrecht zur Werkzeugachse liegenden Ebenen je vier Stahlbolzen von 8 mm ∅ aus einer rost- und zunderfreien Legierung (Werkstoff-Nr. 4034) kurz unter die Manteloberfläche eingesenkt. Je zwei auf dem Mantelumfang gegenüberliegende Bolzen bildeten ein Meßpaar, bei dem keine Ungenauigkeiten durch Verzunderung bei Schrumpftemperatur zu erwarten waren. Auf die eingesenkten Meßbolzen wurden geschliffene Stahlkugeln gesetzt,und ihre Entfernungen A mit einer Schraublehre gemessen; diese diente auch zur Messung der Fugendurchmesser der Büchse. Die zylindrischen Bohrungen von Büchse und Mantel wurden mit dem Innenmeßgerät "Intrameß" ausgemessen.

Mit denselben Geräten wurden Innen- und Außendurchmesser nach dem Schrumpfen gemessen.

Abbildung 5 zeigt in Kurve 1 und 2 die Durchmesseränderungen unter der Fugenpressung p_F, während Kurve 3 das Übermaß darstellt. Die auf der Abszisse angegebenen Längen L sind die Abstände der Meßstellen von der der Matrize abgewandten Stirnfläche des Blockaufnehmers. Der Mantelinnendurchmesser verringerte sich längs der Fuge um 0,15 mm und der Büchsen-Außendurchmesser um 0,13 mm. Dadurch ergab sich kein einheitliches Übermaß. Zur Aufnehmermitte hin nahm es etwas zu und fiel dann wieder leicht ab. Mit den verwendeten Meßgeräten wurde keine Unrundheit gefunden.

Die Feingestalt der Fugenoberfläche wurde auf Abdruckmassen übertragen, deren Rauheit nachträglich abgetastet werden konnte. Die Rauhtiefe in der Mantelbohrung nahm in Richtung auf das matrizenseitige Ende zu (Kurve 1 in Abb. 6), während die Rauhtiefe der Büchse längs der Fuge gleichmäßig 6 bis 8 µm betrug (Kurve 2). Entsprechend verhielt sich der Übermaßverlust (Kurve 3).

Nach Gl. (4), (5) und (7) wurde aus den Rechengrößen e_{Ii}, e_{Aa} und Z die Fugenpressung berechnet und in Abbildung 7 dargestellt. Ein Vergleich der drei Diagramme zeigt eine gute Übereinstimmung der Fugenpressung aus den unabhängig voneinander bestimmten Größen. Zunächst nimmt die Fugenpressung zur Aufnehmermitte hin zu und fällt dann wieder leicht ab. Zahlenmäßig haben die aus e_{Ii}, e_{Aa} und Z bestimmten Werte nahezu die gleiche Größe. Die Kurve 2 fällt von der Mitte kaum ab, während die Kurven 1 und 3 auch hier gut übereinstimmen. Infolge der Stützwirkung des um 255 mm überragenden Endes des Mantels (vgl. Abb. 4) müßte man am Fugenende eine geringere Aufweitung erwarten.

Die Messung der elastischen Formänderungen ist mit einem Fehler behaftet, der sich auf die aus ihnen errechneten Fugenpressungen überträgt. Es wurde eine Fehlerrechnung gemäß [62] durchgeführt und die mittleren Fehler der Mittelwerte in Tafel 4 und in Abbildung 7 für die Fugenpressungen eingetragen.

Eine zusätzliche Überprüfung des Vorspannungszustandes ist nach BÜHLER und SCHREIBER [5] sowie PEITER [42] durch Errechnung der Grenze zwischen elastischer und plastischer Zone möglich. Der rechnerisch gefundene Plastizitätsradius war geringer als der Fugendurchmesser, so daß keine plastische Aufweitung des Blockaufnehmer-Mantels aufgetreten war.

Das Verfahren zur Bestimmung der Fugenpressung aus Messungen der Durchmesseränderungen e_{Ii} und e_{Aa} und des Haftmaßes Z ist verhältnismäßig einfach und bietet zugleich eine gute Genauigkeit, die für eine Kontrolle der Fugenpressung ausreicht.

2 Der Einfluß von Heizbohrungen auf die Tragfähigkeit

21 Einflußgrößen und Meßvorrichtung

Allen bisherigen Berechnungen von Preßpassungen für hohle Umformwerkzeuge liegen runde, ringförmige Querschnitte mit konzentrischer Lage der Bohrung zum Außendurchmesser zugrunde, die vollständig mit tragendem Stoff angefüllt sind. In modernen Blockaufnehmern befinden sich dagegen im Mantel achsparallele Heizbohrungen zur Aufnahme der für den Strangpreßbetrieb erforderlichen Heizung. Dadurch tritt eine Störung des in üblicher Weise berechneten Spannungsverlaufes ein. Es ist daher erforderlich, einen Ausgleichsfaktor zu finden, der der geringeren Tragfähigkeit des Mantels Rechnung trägt.

Damit der Leser ein Bild von den Heizbohrungen erhält, sind in Tafel 5 Angaben über 26 ausgeführte Blockaufnehmer gemacht worden.

Tafel 5

Abmessungen und Kennzahlen ausgeführter Blockaufnehmer

Lfd. Nr.	D_{Ji} [mm]	Q	Q_1	Q_2	Q_3	$\frac{D_B}{s}$	$\frac{D_H}{D_{Hm}}$	Heizung[1] Art	Heizung[1] Ort	Preßkraft [Mp]
1	102	0,224	0,50	1	0,428	0,339	0,97	R	3	500
2	90	0,15	0,573	0,628	0,417	0,16	0,83	L	3	630/710
3	115	0,192	0,46	1	0,417	0,16	0,83	L	3	630/710
4	127	0,223	0,585	1	0,381	0,295	0,86	R	3	1000
5	133	0,205	0,524	1	0,382	0,129	0,73	L	3	1000
6	115	0,17	0,535	0,478	0,667	0,391	1,12	R	2	1000
7	150	0,172	0,555	0,50	0,617	0,341	1,01	R	2	1500
8	160	0,195	0,548	0,54	0,658	0,379	1,07	R	2	1500
9	160	0,196	0,615	0,658	0,485	0,224	0,85	R	3	1500
10	165	0,169	0,472	1	0,359	0,112	0,98	L	3	2000
11	196	0,187	0,476	1	0,393	0,09	0,95	L	3	2500
12	225	0,19	0,468	0,652	0,51	0,111	0,87	L	3	3500
13	220	0,187	0,646	0,68	0,426	0,095	1,05	L	3	3500
14	308	0,266	0,615	1	0,432	0,097	1,06	L	3	3500
15	305	0,226	0,68	0,688	0,472	0,094	1,02	L	3	4500
16	306	0,227	0,63	0,635	0,567	0,109	1,0	L	3	5000
17	305	0,226	0,635	0,655	0,543	0,103	1,06	L	3	6000
18	280	0,207	0,718	0,513	0,563	0,157	0,97	R	3	–
19	185	0,25	0,591	1	0,406	0,136	0,99	R	3	–
20	135	0,167	0,567	0,66	0,444	0,207	0,96	R	3	–
21	230	0,298	0,656	1	0,454	0,15	1,03	R	3	–
22	180	0,176	0,45	1	0,392	0,103	1,13	L	3	–
23	195	0,269	0,59	1	0,455	0,162	1,07	L	3	–
24	185	0,226	0,638	0,69	0,513	0,16	1,03	L	3	–
25	180	0,22	0,53	1	0,415	0,194	0,79	R	3	–
26	420	0,296	0,715	0,535	0,775	0,203	0,76	R	2	–

[1] Heizungsart: R Widerstands- / L Jnduktions- erwärmung
Heizungsort: 2 (Zwischenbüchse) / 3 (Mantel)

Die systematische Untersuchung des Bohrungseinflusses an ausgeführten Blockaufnehmern wäre wegen ihrer geographischen Verbreitung nicht nur mühsam und kostspielig, sondern ließe wegen des Mangels an sauberen Meßflächen und des Fehlens genauer Unterlagen kein zuverlässiges Ergebnis erwarten. Man kann den Bohrungseinfluß indes an Modellen untersuchen, da bei geometrisch ähnlicher Konstruktion und ähnlicher Belastung die Spannungsverteilung gleich ist. Besonders geeignet ist hierfür die Spannungsoptik, weil örtliche Spannungsanhäufungen erfaßt werden können.

Zwei Probleme sind mit der Unterbringung von achsparallelen Heizbohrungen im Blockaufnehmer-Mantel verbunden:

1. Jede Bohrung macht den Mantel "weicher", so daß er den elastischen Formänderungen infolge des Haftmaßes leichter nachgibt und die Innenbüchse weniger vorspannt als ein Mantel ohne Bohrungen.

2. Durch die Bohrungen wird die sonst gleichmäßige Spannungsverteilung gestört, so daß Stellen höherer örtlicher Beanspruchungen auftreten können. Die Beanspruchung an diesen Stellen ist für die Belastbarkeit des Mantels wesentlich.

Folgende Größen bestimmen den Einfluß der Bohrungen auf die Steifigkeit und Beanspruchung des Mantels (Abb. 8):

das Durchmesserverhältnis des Innenteiles Q_I,
das Durchmesserverhältnis des Außenteiles Q_A,
der Durchmesser der Heizbohrung D_B,
der Lochkreisdurchmesser der Heizbohrungen D_H und
die Anzahl bzw. Verteilung der Heizbohrungen.

Für die Heizbohrungs- und Lochkreisdurchmesser werden dimensionslose Größen eingeführt, indem sie zweckmäßig auf die Wanddicke s, bzw. auf den mittleren Lochkreisdurchmesser $D_{Hm} = 0{,}5\ (D_F + D_{Aa})$ bezogen werden.

Als Modellstoffe für spannungsoptische Untersuchungen kommen Stoffe in Frage, die unter der Einwirkung von Spannungen ausreichend doppelbrechend sind und dabei dem Hooke'schen Gesetz gehorchen, d.s. vornehmlich Kunstharze. Für die folgenden Versuche wurde der auf der Basis von ungesättigten Polyesterharzen hergestellte Kunstharz VP 1527 [10] der Firma Dynamit AG, Troisdorf/Bez. Köln, verwendet. Dieser Werkstoff kriecht auch bei längerer Belastung kaum, und nach Fortfall der Belastung bleiben keine Restspannungen zurück.

In einer einfachen Vorrichtung (Abb. 10) übte ein Gummiring als Druckmittel einen gleichmäßigen Innendruck auf den Innenrand eines zweiteiligen Modell-Preßverbandes von 10 mm Länge aus. Außen- und Innenring wurden im unbelasteten Zustand von Hand gefügt; die Belastung wurde von beiden Ringen aufgenommen, so daß in der Fuge eine Fugenpressung entstand.

Zwischen den Polarisatoren einer spannungsoptischen Bank erscheinen im belasteten Modellwerkstoff Isochromaten (Abb. 11). Diese stellen Linien gleicher Hauptschubspannung oder gleicher Hauptspannungsdifferenz dar, die die Höhe der Beanspruchung bestimmen. Daneben sind auch Isoklinen (Abb. 12) erkennbar, d.s. Linien, auf denen die Hauptspannungslinien die gleiche Richtung haben. Sie bilden die Grundlage für die Konstruktion der Hauptspannungslinien (Abb. 13). Bei der Betrachtung der Isochromaten stören die Isoklinen. Sie werden deshalb mit sogenannten Viertelwellenplättchen unsichtbar gemacht.

Jeder Isochromaten kommt eine bestimmte Ordnungszahl zu, deren Höhe dem Grad der Beanspruchung entspricht. Die für die absolute Bestimmung der Spannungen erforderliche optische Konstante [11], [36] wurde nicht bestimmt, denn es genügte hier, die Spannungen in der Dimension einer Isochromatenordnung, oder als dimensionsloses Verhältnis auszuwerten.

22 Radiale Steifigkeit des gestörten Preßpassungsringes

Zur Beurteilung der Vorspannwirkung eines Preßpassungsringes ist die Kenntnis der Radialspannung rings um die Fuge wichtig. Die Radialspannung kann mit Hilfe der graphischen Integration längs den Hauptspannungslinien [11] bestimmt werden, sofern Randbedingungen, wie hier $\sigma_r = 0$, am freien Rand bekannt sind. Die Integration wird vereinfacht, wenn zunächst ein Modell-Ring mit nur einer Heizbohrung untersucht wird. Man erkennt in diesem Fall eine Störung des Spannungsverlaufes nur in unmittelbarer Nähe der Heizbohrung, während sich im übrigen Modell-Teil ein dem störungsfreien Fall entsprechender Spannungszustand ausbildet (Abb. 17).

Für einen Modell-Ring mit nur einer Heizbohrung wurden daher die Hauptspannungskomponenten σ_1 und σ_2, die an der Fuge mit der Tangential- und der Radialspannung zusammenfallen, bestimmt.

Abbildung 14a zeigt den Verlauf der Radial- und Tangentialspannungen σ_{rF} und σ_{tF} über der Fugenabwicklung, der qualitativ mit dem Verlauf für die Hauptspannungsdifferenz S_F übereinstimmt.

In dieser Darstellung haben die Hauptspannungsdifferenz und die Spannungen die Dimension einer Isochromatenordnung. Werden die jeweiligen Ordinaten auf den konstanten Vergleichswert in der ungestörten Zone bezogen, so können alle Punkte der Hauptspannungsdifferenz und der Spannungskomponenten durch eine gemeinsame Kurve erfaßt werden (Abb. 14b), wenn man die Fugenpressung $(-\sigma_{rF})$ nach oben aufträgt. Aus einer derartigen dimensionslosen Darstellung ist ersichtlich, daß auch im gestörten Bereich an der Fuge die Spannungskomponenten und die Beanspruchung einander verhältnisgleich sind. Das bedeutet, daß aus dem Verlauf der Hauptspannungsdifferenz schon auf die Fugenpressung geschlossen werden kann, und es sich daher bei der Betrachtung von Modell-Ringen mit mehreren Heizbohrungen erübrigt, das zeitraubende und mühsame Integrationsverfahren zur Bestimmung der Spannungskomponenten aus der Hauptspannungsdifferenz anzuwenden. Es ist eine Näherungsmethode und bei einem langen Integrationsweg nicht sehr genau.

Die in Abbildung 14 dargestellten Werte wurden an einer Modell-Preßpassung mit einer Heiz-Bohrung von 50 % der Wanddicke gewonnen. Die ungleichen Fugenpressungen gleichen sich zum Teil in ihrer Vorspannwirkung auf das Innenteil aus. Auf den Modell-Innenringen, die mit einem Durchmesserverhältnis von $O_I \approx 0{,}7$ verhältnismäßig dünn sind, beobachtet man nämlich nur geringe Verschiebungen der Farbgleichen (Abb. 17). Am Innenrand des Innenteiles werden die Isochromaten nur wenig beeinflußt. In einem ungünstigen Fall wie bei dem Blockaufnehmer 1 der Tafel 5, wo die Bohrungen 34 % der Wanddicke einnehmen und verhältnismäßig dicht an der Fuge liegen, haben sich die Isochromaten am Innenrand um rd. eine Isochromatenordnung verschoben (Abb. 15). Das sind bei 21 sichtbaren Ordnungen etwa 5 %. Für übliche vorkommende Heizbohrungsgrößen und deren Verteilung beträgt der Steifigkeitsverlust also nur wenige Prozent, was unerheblich im Hinblick auf die Störung des Spannungsverlaufes ist. Dieses Ergebnis ist so wesentlich, daß zur Sicherheit noch ein Kontrollversuch mit einem Preßpassungs-Modell des Blockaufnehmers 1 aus Tafel 5 aus Stahl durchgeführt wurde. Die im Maßstab 1 : 5 angefertigten Modellringe (Abb. 9) wurden mittels Längspreßpassung gefügt und aus den Durchmesseränderungen die mittlere Fugenpressung bei ungebohrtem und gebohrtem Mantel bestimmt. Der hierbei gefundene Steifigkeitsverlust lag in derselben Größenordnung von weniger als 5 % wie der am spannungsoptischen Modell festgestellte Verlust.

Einen tieferen Einblick über den Verlauf der Fugenpressung gibt Abbildung 16. In dieser Darstellung wurde für den Modell-Ring (Abb. 15) mit acht gleichmäßig verteilten Bohrungen die Hauptspannungsdifferenz S_F über der Fugenabwicklung aufgetragen. Die Hauptspannungsdifferenz bzw. die Fugenpressung entsteht durch die elastischen Formänderungen in der Fuge e_{Ai} und e_{Ia} (vgl. Abschn. 1), so daß in diesem Bild schematisch auch das Vorspann-Schaubild (Abb. 2) eingetragen werden kann. Die Beanspruchung wird für den ungestörten Innenring als eine Gerade CA mit einer Steigung, die als Federzahl des ungestörten Preßpassungsringes aufgefaßt werden kann, über e_{Ia} dargestellt. Entsprechend wird die Beanspruchung des gestörten Außenteiles aufgetragen. Sie schwankt längs der Fuge zwischen einem Höchstwert OA und einem Kleinstwert OB, je nachdem bei welchen elastischen Formänderungen e sich das Gleichgewicht einstellt. Die Steifigkeit des Mantels geben wir durch die Mittelwerte der Beanspruchung und der elastischen Verschiebungen der Fuge an. Das ist im Hinblick auf den Innenring erlaubt, da sich die ungleichen Fugenpressungen in ihrer Vorspannwirkung ausgleichen. Die Fugenpressung und die Hauptspannungsdifferenz haben etwa einen sinusförmigen Verlauf. Der Steifigkeitsverlust von rd. 5 % fällt gegenüber der Schwankung der Hauptspannungsdifferenz von etwa 30 bis 40 % an der Fuge dieses Modelles kaum ins Gewicht.

23 Beanspruchung des gestörten Preßpassungsringes

Die wesentliche Gefahr durch die achsparallelen Heizbohrungen liegt in der örtlichen Beanspruchung des Mantels in der Nähe der Bohrungen. Fehlt es nämlich in den Heizbohrungen an tragendem Stoff, müssen die Gebiete zwischen den Bohrungen eine größere Beanspruchung aufnehmen. Daher nimmt die Spannungsdifferenz S_F in Abbildung 14 über der Fugenabwicklung erheblich zu, fällt dann wieder ab und nähert sich in den Zonen, wo keine Störungen mehr vorhanden sind, einem gleichbleibenden Wert S_{oF}. Hier verlaufen die Isochromaten konzentrisch zur Fuge. Die höchste Beanspruchung herrscht an der Fuge zwischen den Heizbohrungen. An dieser Stelle weist das spannungsoptische Bild Isochromaten der höchsten Ordnung auf ($n = 11{,}9$ in Abb. 11). Außerdem entsteht an der der Fuge nächstgelegenen Stelle der Heizbohrung eine hohe Beanspruchung ($n = 10{,}8$ in Abb. 11) infolge von Tangentialspannungen. Die Radialspannungen verschwinden hier fast ganz.

Verwendet man Modell-Ringe mit wenigen Heizbohrungen auf einer Seite, kann man die Ordnungen an den hochbeanspruchten Stellen zu denen des ungestörten Bereiches ins Verhältnis setzen und Beanspruchungsfaktoren bilden, die von der aufgebrachten Belastung unabhängig sind. Diese Tatsache kann durch Vergleich der Isochromaten bei verschiedenen Innendrücken leicht nachgewiesen werden. Sie ist wichtig, denn nun können die Isochromatenbilder bei verschiedenen Modellen verglichen werden, ohne daß die Belastung selbst gemessen wird. Diese Beanspruchungsfaktoren werden wie bei gekerbten Bauteilen als Formzahl $\alpha_{B/F}$ bezeichnet.

In der Kerbspannungslehre [40] wird die höchste auftretende Spannung σ_{max} auf die in der geschwächten Querschnittsfläche theoretisch herrschenden Spannung σ_o bezogen. Bei Preßpassungen hängt die Tragfähigkeit nicht von der Querschnittsfläche, sondern von den Durchmesserverhältnissen ab [13]. Bei ihnen wird daher die höchste Spannungsdifferenz an der Fuge S_F und an der Heizbohrung S_B zu der Spannung S_{oF} an der Fuge im ungestörten Bereich in Beziehung gesetzt.

Die Formzahlen $\alpha_F = S_F/S_{oF}$ und $\alpha_B = S_B/S_{oF}$ wurden an einigen Modellringen gemessen. Um einen Überblick über den Einfluß der Veränderlichen

(Abb. 8) auf die Formzahlen α zu geben, wurden die Durchmesserverhältnisse Q_A, die Heizbohrungsgröße D_B/s, die Lage der Heizbohrungen D_H/D_{Hm} sowie deren Abstand von einander verändert, während das Durchmesserverhältnis des Innenteiles Q_I stets gleich gehalten wurde.

Unter den durchgeführten Versuchen sind auch für den Spannungsverlauf ungünstige Fälle vorhanden, um den Einfluß der Heizbohrungen über die Grenzen der Praxis hinaus deutlich herauszuarbeiten.

Der Einfluß der Wanddicken wurde an vier Modell-Ringen mit den Wanddicken 10, 20, 30 und 40 mm und einem Fugendurchmesser von 38 mm bestimmt. Die Durchmesserverhältnisse betrugen Q_A = 0.32, 0.39, 0.49 und 0.66. Die Heizbohrung lag in diesen vier Scheiben stets in der Wandmitte und nahm 50 % der Wanddicke ein (Abb. 17).

Um den Einfluß der Bohrungsgröße festzuhalten, wurden Modell-Ringe von 30 mm Wanddicke (Q_A = 0,39) mit vier verschiedenen Bohrungen zwischen den Polarisatoren der spannungsoptischen Bank unter Belastung photographiert. Die Bohrungen lagen jeweils in der Mitte zwischen Außen- und Fugendurchmesser und je zwei paarweise gegenüber auf einem Ring, so daß sich zwischen ihnen noch ein dem ungestörten Fall entsprechender Spannungszustand zum Vergleich einstellen konnte. Die Bohrungen besaßen die Durchmesser 5, 10, 16 und 20 mm (Abb. 18).

An vier Ringen der gleichen Wanddicke von 30 mm wurden Bohrungen von 10 mm ∅ (33 %) in verschiedenen Abständen, nämlich 8, 12, 17 und 22 mm von der Fuge angebracht (Abb. 19). Diese Abstände entsprechen den bezogenen Lochkreisdurchmessern D_H/D_{Hm} = 0.79, 0.91, 1.06 und 1.21. Die Modell-Ringe wurden verschieden hohen Innendrücken ausgesetzt, so daß sich je nach der Höhe der Belastung eine unterschiedliche Anzahl von Farbgleichen einstellte und für die Formzahlen α_F und α_B Mittelwerte aus mehreren Messungen gebildet werden konnten.

Abbildung 20 zeigt eine Darstellung der Formzahlen α_F und α_B über den Veränderlichen. Mit zunehmendem Durchmesserverhältnis Q_A, d.h. mit geringerer Wanddicke s nimmt der Bohrungseinfluß zu. Das Verhältnis α der höchsten Beanspruchungen zu der im ungestörten Bereich wird größer (Abb. 20a). Das Isochromatenbild für die Modellscheibe mit 10 mm Wanddicke ist nicht genau symmetrisch (Abb. 17a), da der Innenring möglicherweise im Außenteil leicht gekantet ist. Die in den photographischen Aufnahmen erscheinenden geraden Linien, die parallel durch das spannungsoptische Bild laufen, rühren vom Rand der Halteleiste (Abb. 10) her.

Mit zunehmendem Bohrungsdurchmesser steigt die Hauptspannungsdifferenz an der höher beanspruchten Stelle der Fuge leicht parabelförmig an (Abb. 20b), während sie bei größerer Entfernung der Heizbohrung von der Fuge (Abb. 20c) abnimmt. Ähnlich liegen die Verhältnisse für die Beanspruchungsfaktoren α_B am Heizbohrungsrand.

Diesen Ergebnissen entnehmen wir, daß der Bohrungseinfluß auf die Beanspruchung immer zunimmt, wenn die Heizbohrungen der Fuge nahe kommen. Dann gelangt nämlich die Querschnittsschwächung, d.h. die Stelle fehlenden Stoffes in die ohnehin schon höher beanspruchten inneren Gebiete. Hier wächst die Beanspruchung an den gefährdeten Stellen mehr an, als wenn die Bohrungen in Bereichen angeordnet werden, in denen der Verlauf der Beanspruchung verhältnismäßig flach ist, wie etwa in den Außenzonen eines Preßpassungs-Ringes.

Im Gegensatz zur Formzahl α_F kann die Formzahl $\alpha_B < 1$ werden, wenn die Heizbohrung genügend weit von der Fuge entfernt ist (z.B. $\alpha_B = 0{,}8$ bei $D_H/D_{Hm} = 1{,}06$ in Abb. 20c). Das bedeutet, daß die Beanspruchung an der Heizbohrung geringer als an der Fuge eines ungestörten Ringes ist. Solange $\alpha_F > \alpha_B$ ist, braucht die Beanspruchung an der Heizbohrung in der Berechnung für Blockaufnehmer nicht berücksichtigt zu werden. Genau genommen darf α_B jedoch den Wert von α_F geringfügig übersteigen, ohne die Tragfähigkeit des Werkzeuges zu vermindern, denn die mechanischen radialen Spannungen infolge des Umformdruckes beim Strangpressen überlagern sich den Vorspannungen und sind an den Heizbohrungen geringer als an der Fuge.

Die Anzahl der auf einem Kreis angeordneten Heizbohrungen beeinflußt die Beanspruchung an der Fuge ebenfalls. Man kann sich hiervon aus Abbildung 21 überzeugen, in dem die Beanspruchung am Fugenrand zwischen den weit auseinanderliegenden Bohrungen rund eine Isochromaten-Ordnung niedriger ist als zwischen den eng benachbarten Bohrungen. Die Beanspruchung am Heizbohrungsrand wird durch die Verteilung nicht beeinflußt.

Die durchgeführten Versuche erfassen nicht alle möglichen Größen von Heizbohrungen in Blockaufnehmern. Es konnte aber ein Überblick über den Einfluß der Heizbohrungen gegeben werden. Bei ausgefallenen Heizbohrungsgrößen können die Formzahlen α_F und α_B an Modellen in der beschriebenen Weise bestimmt werden.

Einen Einblick in die Verteilung der Beanspruchung im gesamten Querschnitt des Preßpassungsringes gibt Abbildung 15. Bei gleichmäßig verteilten Heizbohrungen gibt es zweierlei symmetrische Schnitte durch den Preßpassungsring. Diese gehen radial durch die Bohrung und durch die Mitte zwischen zwei benachbarten Bohrungen. Die Darstellung der Ordnungen entlang dieser Schnitte zeigt die höher beanspruchten Stellen. Im Bohrungsschnitt sinkt die Hauptspannungsdifferenz auf ein Minimum und steigt dann bis zur gefährdeten Stelle an der Heizbohrung steil an. Im äußeren Teil des Preßpassungsringes ist die Beanspruchung geringer. Im Symmetrieschnitt zwischen den Bohrungen liegt die höchste Beanspruchung an der Fuge, die nach außen zunächst steil abfällt und sich schon nach rund 1/3 der Wanddicke nicht mehr wesentlich ändert.

Vergleichsweise zeigt hierzu Abbildung 22 das Modell des Mantels des Blockaufnehmers 10 aus Tafel 5. Die Bohrungen sind verhältnismäßig klein und befinden sich in einem ziemlich großen Abstand von der Fuge, so daß dort ein Einfluß auf die Beanspruchung nicht mehr wahrgenommen werden kann.

Für die Berechnung von Blockaufnehmern entnehmen wir diesen Versuchen, daß die Steifigkeit eines mit achsparallelen Heizbohrungen versehenen Blockaufnehmers gegenüber einem gleich großen Werkzeug ohne Heizbohrungen geringfügig nachläßt. Die Vorspannung verringert sich aber nur wenig, da sich die in Umfangsrichtung der Fuge periodisch veränderlichen Fugenpressungen in ihrem Einfluß auf den Innenring zum großen Teil ausgleichen. Aber das Fehlen von Stoff in den Bohrungen verursacht eine Störung des Spannungsverlaufes, so daß am Heizbohrungs- und an der Fuge eine höhere Beanspruchung auftritt. Sie kann je nach Lage und Größe der Bohrung erheblich über der Beanspruchung eines bohrungsfreien Ringes liegen. Die Beanspruchungsverhältnisse können in der Berechnung eines Blockaufnehmers leicht berücksichtigt werden, wenn man für den geschwächten Bauteil die $1/\alpha_F$ - oder $1/\alpha_B$ -fache Streckgrenze einsetzt.

3 Ermittlung der Umformdrücke und der Temperaturverteilung im Versuchsblockaufnehmer

31 Versuchseinrichtung

Für die Berechnung von Blockaufnehmern ist die Kenntnis der radialen Umformdrücke Voraussetzung. Diese können wegen des Reibeinflusses, der den Vorgang begleitet, nach der Plastizitäts-Mechanik nicht genügend genau berechnet werden. Sie müssen daher experimentell bestimmt werden. Es ist jedoch zweckmäßig, nicht nur diese, sondern auch die axialen

Drücke am Kolben und an der Matrize zu messen, um für die Radialdrücke Vergleichsgrößen zu schaffen. Für Strangpreßversuche stand im Versuchsfeld des Institutes für Werkzeugmaschinen und Umformtechnik der Technischen Hochschule in Hannover eine hydraulische Schmiedepresse der Firma Becker und van Hüllen mit einer Preßkraft von 250 Mp zur Verfügung. Diese Presse wurde mit einem vom Verfasser entworfenen Werkzeugsatz (Abb. 23) zum Strangpressen ausgerüstet, in dem Meßgeber zur Ermittlung der Umformdrücke und der Temperaturen im Werkzeug untergebracht wurden.

Der Blockaufnehmer (1) ist auf einer Auflage (2) befestigt, in deren Mitte sich die Matrize (3) befindet. Die Spannkeile (4) und (5) und die Abstandsstücke (6) und (7) übertragen die auf der Matrize ruhenden Umformkräfte auf den Dehnmeßkörper (8). Da die Presse auf ihrer Unterseite geschlossen ist, wird der austretende Strang in einer gebogenen Rinne (9) aus der Maschine geführt. An der Aufspannplatte des Pressenstößels befindet sich ein Stempelhalter (10) mit Stempel (11) und Dehnmeßkörper (12). Auf den Dehnmeßkörpern (8) und (12) befinden sich je drei Aktiv- und Passiv-Dehnmeßstreifen, mit deren Hilfe die axialen Kräfte gemessen werden [10]. Für alle Versuche sind Preßscheiben (13) vorgesehen, die einen um 0,5 mm kleineren Durchmesser besitzen als die Blockaufnehmerbohrung, so daß eine 0,2 bis 0,3 mm dicke Schale entstehen kann.

Für die Messung des Radialdruckes kann im Blockaufnehmer kein besonderer Meßgeber wegen der damit verbundenen Schwächung des Werkzeuges eingebaut werden. Als Meßgeber wird daher der Blockaufnehmer selbst benutzt. Der auf die Wand der Büchsenbohrung wirkende Umformdruck ruft Radialdehnungen hervor, die auf dem äußeren Mantelumfang gemessen werden können. Sofern sich der im Werkzeug vorhandene Eigenspannungszustand während des Preßvorganges nicht ändert, ist die tangentiale Dehnung auf dem Mantelumfang ein Maß für den radialen Innendruck.

Die Dehnungen werden mit Dehnmeßstreifen vom Typ HFN-2 der Fa. Baldwin-Lima-Hamilton, USA, für Temperaturen bis 600°C gemessen, die wie bei den Dehnmeßkörpern in einer Wheatstone'schen Halbbrücke geschaltet und auf dem Mantelumfang aufgeklebt sind. Mit diesen Dehnmeßstreifen gelang es in Vorversuchen, erstmalig ruhende Lasten bei höheren Temperaturen (bis 400°C) zu messen.

Als Meßgeber wurden die Blockaufnehmer 1 mit einem Innendurchmesser von 32 mm und 2 mit einem Innendurchmesser von 40 mm, an denen die in Abschnitt 1 beschriebenen Messungen durchgeführt worden waren, benutzt.

Die Aufteilung des Mantels des Aufnehmers 1 in Ringscheiben (Abb. 24) wurde deshalb gewählt, damit die Stützwirkung des Mantels verringert wurde und bei der Messung der Dehnungen beim Strangpressen der Einfluß der Belastungslängen deutlich gezeigt werden konnte.

Der 2., 3., 4. und 5. Mantelring des Aufnehmers 1 tragen auf ihrem äußeren Umfang je drei Aktiv- und Passiv-Dehnmeßstreifen, während der Mantel des Aufnehmers 2 insgesamt nur drei Dehnmeßstreifenpaare in einer Höhe von rund 80 mm von der Oberkante des Werkzeuges besitzt. In diesem Fall sind die Passiv-Streifen auf je einem eigenen Trägerkörper aus Stahlblech aufgeklebt, die in der Nähe der Aktiv-Streifen am Blockaufnehmer befestigt sind, so daß sie beim Strangpressen frei von äußeren Kräften, z.B. von den in Achsrichtung im Blockaufnehmer wirkenden Reibkräften bleiben. Die abgeschirmten Anschlußleitungen werden an Meßverstärker angeschlossen, die die Widerstandsänderungen des aktiven Dehnmeßstreifens verstärken. Die Meßwerte werden mit einem Schleifen-Oszillographen festgehalten.

Um den Verlauf der Umformdrücke in Abhängigkeit von der Belastungslänge zu ermitteln, wurde eine Wegmessung vorgesehen. Dazu diente ein induktiver Weggeber der Firma Brandau Meßautomatik (Abb. 26). Der mögliche Preßweg von rund 160 mm wurde mit einem eigens hierfür erstellten Flaschenzug im Verhältnis 2 : 1 untersetzt, damit der Meßbereich des Weggebers von nur 100 mm ausgenutzt werden konnte. Um Fehlerquellen durch das Spiel der Rollen zu vermeiden, wurden die losen Rollen mit einem Gummizug leicht vorgespannt. Das Seil bestand aus einem gedrillten Nylonfaden, der sich unter der Gummizugspannung kaum dehnte.

Der Blockaufnehmer 2 ist mit insgesamt sieben Thermoelementen aus Ni-CrNi von 0,2 mm ∅ zur Messung der Temperaturen im Werkzeug ausgestattet. Sie wurden mittels Kondensatorentladung auf dem Bohrungsgrund der in Büchse und Mantel vorhandenen 80 mm tiefen Bohrungen angeschweißt. Die Bohrungen haben einen Durchmesser von 2 mm und wurden durch Funkenabtragung hergestellt. Ein Thermoelement wurde auf der sauber geschliffenen Oberfläche des Mantelumfanges angeschweißt.

Die Thermoelemente waren radial in verschiedenen Abständen von der Werkzeugachse angeordnet, damit der radiale Verlauf der Werkzeugtemperatur ermittelt werden konnte (Abb. 23). Beide Blockaufnehmer waren auf einem Durchmesser von 200 mm mit 12 Widerstand-Heizstäben von insgesamt 1,5 kW Heizleistung ausgestattet. Zur Wärmeisolation wurden die Blockaufnehmer mit einem Blechmantel umgeben und auf der Stempelseite mit einer Asbestplatte abgedeckt.

32 Versuchsplanung

Die Umformdrücke sind in erster Linie von folgenden Größen abhängig:

a) Blocklänge

b) Profilform und Querschnittsverhältnis

c) Geschwindigkeit und Temperatur

d) Werkstoff

Ihre Einflüsse werden zunächst beim Strangpressen von Reinaluminium 99,5 untersucht, weil dieser Werkstoff in einem großen Temperatur- und Geschwindigkeitsbereich bei erträglicher Beanspruchung der Werkzeuge strangpreßbar ist. Ferner werden die Umformdrücke bei der Aluminiumlegierung AlMgSi, bei Messung 58, bei Kupfer und bei Stahl Ck 15 gemessen.

Eine Übersicht über den Versuchsplan gibt Abbildung 25. In ihr sind waagerecht die Preßbedingungen und senkrecht die Werkstoffe dargestellt. Im einzelnen wird folgendes bemerkt:

a) Blocklänge

Beim Einsatz verschieden langer Blöcke verändert sich die Belastungslänge. Ferner sinkt in gleichem Maße, wie der Preßvorgang fortschreitet, die axiale Preßkraft [20]. Da sich die Metalle im plastischen Zustand befinden und der Reibwiderstand den Axialdruck beeinflußt, so ist zu erwarten, daß auch der Radialdruck beeinflußt wird und bei kleineren Blocklängen ebenfalls geringer wird. Es wurde daher vorgesehen, bei einem Querschnittsverhältnis von $F_o : F_1 = 40$ und einer Austrittsgeschwindigkeit des Stranges von $v_a = 630$ mm/sec Blöcke in den Längen $h_o = 63$, 80, 100, 125 und 142 mm umzuformen (Spalte 1 Abb. 25). Die Blocklängen $h_o/D_o = 1{,}6$ bis 3,2 umfassen den in der Praxis üblichen Bereich.

Weil der Block im Blockaufnehmer mit der zur Verfügung stehenden Heizung sicher auf einer Temperatur von fast 250°C gehalten werden konnte, wurde diese Blocktemperatur gewählt.

b) Querschnittsverhältnis und Profilform

Mit Matrizen mit runden Austrittsöffnungen für Verhältnisse $F_o : F_1$ = 16, 25, 40, 63 und 100 sollte der Einfluß des Querschnittsverhältnisses auf die Umformdrücke ermittelt werden. Zum Vergleich der Umformdrücke bei verschiedenen Profilformen waren Matrizen mit einem Quadratprofil mit 5,6 mm Kantenlänge und drei Kreuzprofile mit unterschiedlicher Stegbreite (Abb. 45) vorhanden, deren Querschnittsfläche gleich dem eines runden Stranges mit einem Querschnittsverhältnis $F_o : F_1 = 40$ war. Damit ist es möglich, die Umformdrücke beim Pressen nicht kreisförmiger Profile zu denen bei kreisrundem Querschnitt durch einen Formfaktor in Beziehung zu setzen.

c) Geschwindigkeit und Temperatur

Der Einfluß von Geschwindigkeit und Temperatur ist versuchsmäßig besonders umfangreich, da bei jeder der vier Austrittsgeschwindigkeiten 630, 1000, 1600 und 2500 mm/sec Blöcke mit einer Einsatztemperatur von 250, 300, 350, 400 und 450°C bei einem Querschnittsverhältnis von 40 umgeformt werden sollten.

Zur Kontrolle wurden außer bei der Höhenreihe auch bei allen anderen Versuchen mit Al 99,5 vergleichsweise jeweils Blöcke in den Längen 63, 100 und 125 mm umgeformt.

d) Werkstoff

Um Anhaltspunkte für die Umformdrücke anderer Metalle zu erhalten, wurden eine Reihe von Preßversuchen mit der Aluminiumlegierung AlMgSi, mit dem leicht preßbaren Messing 58 und mit Rein-Kupfer vorgesehen. Tafel 6 zeigt die Zusammensetzung der Versuchswerkstoffe. Diese Werkstoffe werden in Blöcken von 63 mm Länge ($h_o/D_o = 1,6$) bei Querschnittsverhältnissen 16, 25 und 40 untersucht. Dabei wird in Anlehnung an die Praxis mit trockener Matrize und trockenem Blockaufnehmer, d.h. mit Schale gepreßt, um zu vermeiden, daß durch ungleichmäßige Schmierung die Streuung der Meßwerte erhöht wird.

Darüber hinaus werden Blöcke mit den gleichen Abmessungen aus Stahl Ck 15 umgeformt. Das Strangpressen von Stahl wurde insofern als ein Sonderfall betrachtet, da nur mit Schmierung gepreßt werden kann, um die mechanische und thermische Beanspruchung der Versuchswerkzeuge in erträglichen Grenzen zu halten. Stahlblöcke werden mit Glas geschmiert, das bei Preßtemperatur zähflüssig ist und gleichzeitig als Schutz vor zu schnellem Abkühlen des hoch erhitzten Stahlblockes dient. Zur Schmierung war handelsübliche Glaswolle vorgesehen, die sich, mit Wasserglas angefeuchtet, verhältnismäßig gut verarbeiten läßt.

T a f e l 6

Zusammensetzung der Versuchswerkstoffe

Analyse / Werkstoffe	Cu [%]	Mg [%]	Zn [%]	Al [%]	Mn [%]	Si [%]	Pb [%]	Sn [%]	Fe [%]	Ni [%]	Ti [%]	Cr [%]	C [%]	P [%]	S [%]
Al 99,5 (1)	<0,01	<0,01	<0,01	>99,54	<0,01	0,10	<0,01		0,29		<0,01	<0,01			
Al 99,5 (2)	<0,01	<0,01	<0,01	>99,53	<0,01	0,10	<0,01		0,30		<0,01	<0,01			
Al Mg Si	0,082	0,72	0,025	96,99	0,84	1,04			0,25		0,04	0,01			
Cu	99,83						Spur			0,06					
Ms 58	58,75		38,24				2,72	0,09	0,20						
Ck 15 [54]					0,35	0,10			99,35				0,091	0,025	0,079

33 Eichung der Meßgeber

Die Thermospannung der Ni-CrNi-Thermoelemente wurde im Ölbad bestimmt und ihre lineare Abhängigkeit von der Temperatur bis 630°C nachgewiesen. Zu diesem Zweck wurde die Lötstelle eines Thermoelementes nacheinander in chemisch reinem Cadmium (321°C), Zink (419°C) und Antimon (630°C) eingeschmolzen und die Thermospannung beim Haltepunkt des jeweiligen Metalles, d.h. beim Schmelzen und Erstarren, festgestellt.

Die in der Stempelaufnahme und in der Bohrung der Werkzeugsatz-Unterlage befindlichen Dehnmeßkörper (8 und 12 in Abb. 23) wurden unter dem 300-Mp-Prüfgestellt des Institutes über einen 100-Mp-Eichbügel der Fa. Dr.-Ing. G. Wazau-Berlin mehrfach bis zu 100 bzw. 80 Mp belastet und die hierbei auftretende Dehnung der Dehnmeßkörper gemessen. Aus ihr kann beim Strangpressen der vom Stempel auf den Block ausgeübte Druck - der Stempeldruck - und der vom Block auf die Matrize übertragene Druck - der Matrizendruck - gemessen werden.

Da die Empfindlichkeit des Meßgebers für den Radialdruck mit zunehmender Temperatur des Werkzeuges etwas größer wird, was u.a. auf den mit höheren Temperaturen abnehmenden Elastizitäts-Modul des Werkzeugstoffes zurückzuführen ist, muß die Temperaturverteilung des Blockaufnehmers bei der Eichung und bei den Preßversuchen bekannt sein.

Die Heizung des Aufnehmers wurde an 220 V Netzspannung angeschlossen und besaß keine Regeleinrichtung. Nach einer bestimmten Anheizzeit stellte sich das Gleichgewicht zwischen der Wärmezufuhr und den Verlusten ein. Daher wurde die Anheizzeit gemessen, damit für Eichung und Preßversuche stets gleiche Temperaturen im Werkzeug abgewartet werden konnten.

Das Temperatur-Gleichgewicht stellte sich bei rd. 280°C ein, so daß der Blockaufnehmer bei dieser Temperatur auf radialen Innendruck geeicht wurde. Die in Hubböcken üblichen Druckmittel wie z.B. Mipolam, die eine gute hydraulische Druckverteilung gewährleisten, können bei dieser Temperatur nicht benutzt werden. Es wurde deshalb Hütten-Weich-Blei (99,90 % Pb) verwendet.

Wie weit sich bei diesem Druckmittel eine hydraulische Druckverteilung einstellt, d.h. der axial eingeleitete Druck genügend genau auf die Innenwand des Aufnehmers übertragen wird, mußte zunächst nachgeprüft werden.

Zu diesem Nachweis wurde als Druckmittel an Stelle von Blei das gallertartige Mipolam verwendet, von dem mit guter Näherung eine hydraulische Druckverteilung angenommen werden darf. Auf der Unterseite des Werkzeuges (Abb. 27) war eine geschlossene Scheibe angeordnet. Ein Dicht-Ring aus Vulkollan bedeckte die kegelige Fuge zwischen Matrize und Werkzeuginnenrand. Auf der Stempelseite wurde ein geschliffener Dichtkolben mit Vulkollan-Dichtring eingeführt und mit Hilfe eines hydraulischen, geeichten Hubbockes auf die in der Bohrung befindliche Mipolam-Masse gedrückt. Die tangentiale Dehnung des Blockaufnehmers wurde in Abhängigkeit von der Belastung durch den Hubbock gemessen. Die vom Hubbock aufgebrachte Eichkraft wurde mit Hilfe des unter der Matrize befindlichen Dehnmeßkörpers (12 in Abb. 23) überwacht.

Der Einfluß der Belastungslänge, d.h. Druckmittel-Menge in der Büchsenbohrung, wird mit zunehmender Belastungslänge sehr klein und verschwindet schließlich ganz. Für die Meßstelle 2 (80 mm von der Unterkante des Blockaufnehmers in Abb. 27) hört dieser Einfluß bei einer Belastungslänge von $h > 97$ mm über der Matrize und bei der Meßstelle 1 (zweiter

Ring von unten) schon bei $h > 59$ mm auf. Daher wurden die Dehnungen der Meßstellen 1 und 2 für fünf verschiedene Höhen im höhenunabhängigen Bereich über 97 mm festgehalten (Abb. 28). Zur Messung des Radialdruckes reichen zwei Meßstellen aus, da durch Vergleich mit einem gleichmäßigen Druck in der Büchsenbohrung der Radialdruck ohnehin schon als mittlerer Druck gemessen wird. Die Meßstellen 3 und 4 wurden daher nicht geeicht.

In der gleichen Weise wurden Radialdruck-Eichungen mit verschiedenen Bleifüllungen in der Blockaufnehmer-Bohrung bei Raumtemperatur durchgeführt. Als Dichtring über der Matrize wurde hierbei ein schmaler Kupferring verwendet, während der Dichtkolben unmittelbar auf die Bleifüllung aufsetzte. Der eingesetzte Bleiblock, der mit Graphit geschmiert wurde, mußte vor der Belastung gestaucht werden, damit er den verfügbaren Druckraum ausfüllte.

Die Meßergebnisse der Mipolam- und der Bleieichungen sind in Abbildung 28 dargestellt. Die tangentiale Manteldehnung der beiden Meßstellen ist in dem benutzten Höhenbereich direkt verhältnisgleich dem vom Dichtkolben in der Bohrung erzeugten Druck. Der Zusammenhang ist für beide Druckmittel - abgesehen von einer geringfügigen Meßstreuung - gleich.

Darüber hinaus wurden vier Bleiblöcke im Aufnehmer 1 im Querschnittsverhältnis 40 bei Schmierung mit Graphit zu Strängen gepreßt und die Umformdrücke nach den Eichgeraden in Abbildung 28 im Bereich $h > 97$ bzw. $h > 59$ ausgewertet. Der radiale Innendruck (Abb. 30) stimmt danach gut mit dem in Abbildung 29 dargestellten axialen Preßdruck p_a überein.

Als Nebenergebnis ergab sich eine gute Übereinstimmung der gemessenen Umformdrücke mit den von SIEBEL [50] 1931 gefundenen Werten.

Damit ist erwiesen, daß der axial eingeleitete Druck vom Blei ohne meßbare Einbuße auf die Druckraumwände übertragen wird und demnach mit ausreichender Genauigkeit gleiche Radial- und Axialdrücke in der Bleifüllung angenommen werden können.

Die Eichung des Blockaufnehmers bei höherer Temperatur unterscheidet sich kaum von der eben beschriebenen. Der über den Dichtkolben eingeleitete Eichdruck wurde vom Preßstempel selbst aufgebracht und mit Hilfe der Dehnmeßkörper (8) und (12) gemessen. Der höhenunabhängige Bereich war bei einer Temperatur der Büchse von 280°C etwa der gleiche wie bei Raumtemperatur.

Um den Druck beim Strangpressen in Abhängigkeit vom Preßweg zu ermitteln, müssen Eichkurven auch für kleinere Belastungslängen aufgestellt werden. Dazu wurden verschieden lange Bleiblöcke in den Aufnehmer eingesetzt und die tangentiale Dehnung auf dem Mantelumfang in Abhängigkeit vom Radialdruck gemessen (Abb. 31 und 32). Zur bequemeren Auswertung der Strangpreßversuche werden in Abbildung 33 und 34 die Radialdrücke an Stelle der Belastungslänge als Parameter dargestellt.

Aus einem Vergleich der Abbildungen 31, 32 und 28 ersieht man, daß die Steigung der Eichgeraden im höhenunabhängigen Bereich bei höherer Temperatur um mehr als 20 % größer wird, da bei gleichem Innendruck die tangentiale Manteldehnung bei einer Werkzeugtemperatur von 280°C größer ist (Punkte A und B in Abb. 28, 31, 32).

Die Eichung des Blockaufnehmers 2 lieferte ähnliche Kurven (Abb. 35 und 36). Wegen der verhältnismäßig starken Stützwirkung des Mantels war in dem gemessenen Höhenbereich bis 116 mm stets noch ein Einfluß der unbelasteten Längen vorhanden.

Aus den Eichkurven erhalten wir als Nebenergebnis für die Belastbarkeit von Blockaufnehmern, daß die tangentialen Dehnungen und damit nach dem Hooke'schen Gesetz auch die Spannungen bei geringen Belastungslängen nicht linear vom Innendruck abhängen (Abb. 31 und 32). Deshalb dürfen einem Blockaufnehmer bei geringeren Belastungslängen höhere Radialdrücke zugemutet werden. Darin kommt die Stützwirkung der unbelasteten Enden des Aufnehmers zum Ausdruck.

34 Durchführung und Ergebnis der Messungen

Messung der Temperaturverteilung und der Anheizzeit.

Vor den Eichungen und vor Beginn der Preßversuche wurde die Temperaturverteilung im Versuchsblockaufnehmer 2 während des Anheizens gemessen und die Anheizzeit, d.h. die Zeit, in der die Endtemperatur erreicht wird, ermittelt.

Die Messung wurde je einmal mit eingebauter Matrize und ohne sie durchgeführt; es zeigte sich kein nennenswerter Unterschied.

Die Temperaturverteilung im Blockaufnehmer ohne Werkstück während der Anheizzeit zeigt Abbildung 37. Die Temperaturunterschiede zwischen der jeweils wärmsten und kältesten Meßstelle sind nahezu zeitlich unabhängig und betragen höchstens 10 bis 12°C. An der Preßpassungsfuge (bei r = 45 mm) ist eine Unstetigkeit im Temperaturverlauf erkennbar, da die Fuge den Wärmefluß vom Mantel in die Innenbüchse stört. Sie ist gering, weil sich die Fugenflächen unter Druck berühren; sie verschwindet nach langer Anheizzeit fast gänzlich.

Abbildung 38 zeigt die Temperatur der Thermomeßstelle, die in der Mitte zwischen zwei Heizstäben im Mantel des Blockaufnehmers (r = 100 mm) untergebracht war, in Abhängigkeit von der Zeit. Nach einem schnellen Temperaturanstieg auf rund 210°C innerhalb von 2 Stunden nach dem Einschalten der Heizung waren weitere 5 Stunden erforderlich, bis die Meßstelle eine Temperatur von 280°C erreicht hatte und sich nicht mehr änderte.

Nach dem Anheizen des Blockaufnehmers wurde ein etwa 550°C heißer Block aus Al 99,5 eingesetzt und gewartet, bis dieser eine Temperatur von 450°C erreichte. Danach wurde absichtlich mit kleiner Preßgeschwindigkeit gepreßt, damit er lange mit dem Werkzeug in Berührung blieb.

Das Einführen des heißen Blockes in den kälteren Blockaufnehmer machte sich nicht bemerkbar; die Temperatur- und die Dehnungsanzeige wiesen über mehrere Minuten Abkühlung keine merkliche Änderung auf. Das ist erklärlich, weil sich der Wärmeübergang vom ungestauchten Block in den Aufnehmer in einem größeren Zeitraum abspielte. Erst nachdem beim Pressen der gestauchte Block die Bohrungswand des Aufnehmers berührte, fand ein lebhafter Wärmeaustausch zwischen Block und Werkzeug statt, was nach BECK [4] auch zu erwarten war, da die Berührung unter hoher Flächenpressung erfolgte.

Bei der gewählten Geschwindigkeit von v_P = 6,3 mm/sec berührte der Block das Werkzeug solange, daß eine Temperatursteigerung im Werkzeug gemessen werden konnte (Abb. 39). Nachdem die Preßscheibe an den Thermomeßstellen vorbeigewandert war, ging die zusätzliche Erwärmung schnell wieder zurück; sie nahm jedoch mehr Zeit in Anspruch als die Aufheizung zu Anfang. So wurde an der Meßstelle r = 28 mm nach etwa sieben Sekunden eine um 30°C höhere Temperatur gemessen, die bis zum Preßende bereits wieder abklang. An der Meßstelle r = 40 mm erfolgte nur eine Erhöhung um 5°C, während die Wärmewelle die Meßstelle r = 55 nicht mehr erreichte.

Die Temperaturverteilung im Werkzeug geht aus Abbildung 40 hervor, in dem der zeitliche Einfluß in Form eines Parameters wiedergegeben wird.

Durch Temperaturerhöhungen des Blockaufnehmers während des Pressens entstehen in der erwärmten Innenzone Druckspannungen (vgl. Abschn. 5) und in den Außenzonen tangentiale Zugspannungen, die in der Dehnmeßstreifenanzeige höhere Innendrücke vortäuschen.

Selbst bei der kleinen Preßgeschwindigkeit, die dem Preßversuch der Darstellung 39 zugrunde lag, änderte sich die Temperatur bis zum Zeitpunkt, wo der Stempelhöchstdruck erreicht war, so wenig, daß mit keiner nennenswerten Änderung des Eigenspannungszustandes zu rechnen war. Daher kann bei höheren Preßgeschwindigkeiten und geringeren Temperaturdifferenzen ein Einfluß der Wärmespannungen auf die tangentiale Manteldehnung beim Stempel-Höchstdruck vernachlässigt werden.

a) Blocklänge

Für die Reihenversuche im Aufnehmer 2 wurden die Blöcke aus Al 99,5 in einem Widerstands-Ofen auf rd. 550°C erwärmt und in die Bohrung des Blockaufnehmers eingesetzt. Sie besaßen auf ihrer oberen Stirnseite eine 8 mm tiefe Bohrung von 4 mm Durchmesser, in die ein Ni-CrNi-Thermoelement zur Bestimmung der Block-Temperatur eingeführt wurde. Nach dem Abkühlen des übererwärmten Blockes auf die gewünschte Temperatur wurde das Thermoelement aus der Bohrung entfernt, die Preßscheibe eingeführt und der Umformvorgang über den Stempel eingeleitet.

Für die Höhenreihe wurde eine Temperatur gewählt, die der Werkzeugtemperatur nahe kam. Beim Abkühlen des Blockes stellte sich nach einiger Zeit stets die Temperatur von 240°C ein und änderte sich nicht mehr, da das Temperatur-Gleichgewicht zwischen Block und Werkzeug erreicht war. Das Temperatur-Gleichgewicht wurde abgewartet, damit die Messung des Radialdruckes durch einen Wärmeaustausch Block - Werkzeug nicht verfälscht wurde. Eine Verfälschung hätte sonst eintreten können, da die Radialdrücke über dem ganzen Preßweg , also auch nach längerer Berührzeit und nicht nur im Augenblick des Stempel-Höchstdruckes ausgewertet wurden.

Bei einer Block-Temperatur von 240°C und einer Strangaustrittsgeschwindigkeit von 580 mm/sec wurden nacheinander Blöcke in Längen von 63, 80, 100, 125 und 142 mm umgeformt. Diese Versuchsreihe wurde dreimal wiederholt. Die Auswertung erfolgte so, daß die Anzeigen der drei Dehnungsgeber für Blöcke gleicher Länge jeweils an derselben Stelle der Oszillogramme ausgemessen wurden, damit die Ergebnisse gemittelt werden konnten.

An Hand des Oszillogrammes (Abb. 42) kann der Aufbau des Stempeldruckes, des Radialdruckes und des Matrizendruckes bis zu ihrem Höchstwert verfolgt werden. Zu Beginn des Preßvorganges wird der Block gestaucht (Zeit 1-2 in Abb. 42) und die vom Stempel eingeleitete Kraft wird ohne Verluste auf die Matrize übertragen. Nach einem kurzen Preßweg berührte der Bauch des gestauchten Blockes die Aufnehmerbohrung in der Mitte, wie aus der beginnenden Anzeige des Radialdruckes ersichtlich ist (2 in Abb. 42). Die Stempelkraft steigt nun in der Zeit 2-3 steiler an, was durch die Reibkräfte zwischen der gestauchten Probe und der Bohrungswand bedingt ist. Vom Zeitpunkt 3 an steigen Stempeldruck und Matrizendruck in gleichem Maße; der Block füllt dann den Druckraum ganz aus und die drei gemessenen Drücke wachsen auf die zur Umformung erforderliche Größe an. Kurz vor dem Höchstwert des Stempeldruckes setzte der eigentliche Strangpreßvorgang ein.

Abbildung 41 zeigt den Verlauf des Stempeldruckes, des Radialdruckes und des Matrizendruckes in Abhängigkeit von der Belastungslänge für Blöcke verschiedener Einsatzlänge. Aus ihm ist deutlich die Abnahme sowohl des Stempeldruckes als auch des Radialdruckes mit geringerer Blocklänge und Belastungslänge ersichtlich, was sich durch die Abnahme der Reibkräfte erklärt.

Der Matrizendruck p_m, der unabhängig von der eingesetzten Blocklänge ist, blieb bei Preßbeginn kurze Zeit konstant und fiel dann leicht ab. Dieser Abfall ist auf den Wärmegewinn infolge innerer Reibung im Werkstoff zurückzuführen. Dieser wirkt sich bei größeren Blöcken stärker aus, da das größere umgeformte Volumen einen höheren Wärmegewinn verursacht. Durch ihn wird die Temperatur des Blockes erhöht.

In einigen Fällen wurde nach dem Pressen die Oberflächentemperatur des ausgetretenen Stranges gemessen und eine Temperaturerhöhung gegenüber der Blocktemperatur bei großen Blöcken um 70 bis 100°C beobachtet.

Somit wirkt neben der Verringerung der Reibkräfte die Temperaturerhöhung auf den Verlauf des Stempeldruckes und des Radialdruckes in Abhängigkeit von der Belastungslänge ein. Daher gehen die für verschieden lange Blöcke aufgenommenen Kurven nicht ineinander über.

Bei den 63 mm langen Blöcken stieg der Matrizendruck gegen Preßende wieder geringfügig an, da das Fließen des Werkstoffes in der Nähe der Matrize durch Eindringen des Stempels in die Umformzone erschwert wurde. Hinzu kam eine größere Abkühlung des Blockes, weil die wärmeaustauschenden Oberflächen des Druckraumes am Preßende groß gegenüber dem Rauminhalt des Restblockes waren. Bei wärmeren Blöcken und langen Druckberührzeiten kann auch bei längeren Blöcken die Abkühlung den durch die Umformung bedingten Wärmegewinn überwiegen, so daß der Matrizendruck bis zum Preßende ständig steigt. Wenn sich der Wärmegewinn und die Abkühlung an den Berührflächen ausgleichen, müßte demnach der Matrizendruck bis nahe an das Preßende konstant bleiben; bei einigen Preßversuchen konnte ein derartiges Verhalten des Matrizendruckes beobachtet werden. Ein Kraftmeßglied hinter der Matrize könnte demnach als Geber für eine automatische Steuerung beim isothermen Pressen dienen.

Die Höchstwerte der Umformdrücke wurden in Abbildung 43 über der zugehörigen Belastungslänge h aufgetragen. Es kommt nun darauf an, die Anteile der Stempelkraft P, der auf die Matrize wirkenden Kraft P_m und der Reibkraft R an der Bohrungswand gemäß der Bedingung

$$P = P_m + R$$

voneinander zu trennen, damit bei verschiedenen Preßbedingungen (verschiedene Profilformen, Querschnittsverhältnisse, Temperaturen und Werkstoffe) der allein von der Belastungslänge h abhängige Anteil der Reibkraft festgestellt werden kann. Da wir bis jetzt nicht mit Kräften, sondern mit Drücken gearbeitet haben, wird hilfsweise der Wert

$$P_m/F_o = p_{mo}$$

eingeführt, d.h. eine scheinbare Spannung, die auf einen voll gedachten Boden bezogen wird. Sie ist praktisch gleich dem Stempeldruck, der sich beim Pressen ohne Reibung an den Blockaufnehmerwänden einstellen würde.

In Abbildung 43 ist statt des Matrizendruckes p_m der scheinbare Matrizendruck p_{mo} aufgetragen. Die Meßpunkte können mit guter Genauigkeit durch Geraden verbunden werden, deren Verlängerungen sich bei der Belastungslänge $h = 0{,}5\ D_o$ schneiden. Beziehen wir die Meßpunkte auf ihre jeweilige Höhe $(h/D_o - 0{,}5)$, so erhalten wir für den Stempeldruck den Blockaufnehmer-Widerstand k_{Ba} und für den Radialdruck die Größe k_{Br}:

$$k_{Ba} = \frac{p_a - p_{mo}}{\frac{h}{D_o} - \frac{1}{2}} \qquad k_{Br} = \frac{p_r - p_{mo}}{\frac{h}{D_o} - \frac{1}{2}} \tag{8}$$

Diese Größen stellen die Steigung der Geraden dar und besitzen die Dimension von Spannungen. Beim Strangpressen mit Schale treten nur Reibungen entlang der Seitenfläche der Preßscheibe und entlang der Matrizenöffnung auf. Der Faktor k_{Ba} berücksichtigt die an der Preßscheibe wirkende Reibung; im wesentlichen wird seine Größe jedoch durch die Scherspannung bestimmt, die beim Verdrängen des Werkstoffes entlang der Schale überwunden werden muß. Die Reibung und die Scherung verursachen auch eine Erhöhung des Radialdruckes, die anteilmäßig durch den Faktor k_{Br} ausgedrückt wird.

Die Formel für k_{Ba} kann auf die Beziehung $P = P_m + R$ zurückgeführt werden, wenn in dieser berücksichtigt wird, daß Scherkräfte nur auf einer Länge von $h - 0,5\ D_o$ auftreten (siehe Anhang II).

b) Querschnittsverhältnis und Profilform

Im Anschluß an die Höhenreihe wurden die Versuche zur Ermittlung des Einflusses der Profilgröße und -form durchgeführt. Bei der Profilreihe wurde ebenfalls das Temperatur-Gleichgewicht abgewartet, da die Höhenreihe dann gleichzeitig Bestandteil der Profilreihe war. Bei einer Blocktemperatur von 240°C und bei einer Strangaustrittsgeschwindigkeit von 580 mm/sec wurden runde Stränge von 4, 5 (6,3 mm siehe Höhenreihe), 8 und 10,4 mm Durchmesser gepreßt. Es standen für diese Versuchsreihe zwei Matrizen zur Verfügung, die jeweils durch Aufbohren erweitert wurden. Die Oszillogramme wurden nur hinsichtlich der Größtwerte des Stempeldruckes ausgewertet. Die Radial- und Matrizendrücke wurden dem jeweiligen Höchstwert zugeordnet. Der Stempeldruck hatte ein ausgeprägtes Maximum bei rd. $0,8\ h_o$, wobei h_o die Einsatzlänge des Blockes bei Raumtemperatur bedeutet. Die Rundstränge entsprechen den Querschnittsverhältnissen 100, 63, 25 und 14,5. Für jedes Querschnittsverhältnis wurden insgesamt 9 Blöcke, 3 für jede Höhe, umgeformt, bei $F_o : F_1 = 40$ wegen der zusätzlichen Längen von 80 und 142 mm sogar 15 Blöcke.

Da bei verschieden langen Blöcken der höchste Matrizendruck gleich groß ist (Abb. 41), können die beim Pressen von Blöcken verschiedener Länge gewonnenen Meßwerte in Abhängigkeit vom Querschnittsverhältnis $F_o : F_1$ dargestellt werden (Abb. 44). Die Meßwerte können im einfach logarithmisch geteilten Koordinatensystem durch eine Gerade verbunden werden, so daß folgende Beziehung gilt:

$$p_m = C \cdot \ln \frac{F_o}{F_1} \quad . \tag{9}$$

Hierin ist C der Steigungsfaktor der Geraden in Abbildung 44.

Um zu erkennen, wie weit die Reibung an der Aufnehmerwand von der Profilform beeinfluß wird, wurden die Druckunterschiede zwischen Axialdruck p_a und Matrizendruck p_{mo} und zwischen Radialdruck p_r und Matrizendruck p_{mo} in Abhängigkeit von der Belastungslänge aufgetragen; sie sind, wie wir vorher sahen, proportional zum Reibwiderstand.

Die bei verschiedenen Querschnittsverhältnissen (Abb. 46a) und Profilformen (Abb. 46b) ermittelten Meßwerte fallen auf jeweils eine Gerade, deren Anstiege gleich sind. Damit ist nachgewiesen, daß der Reibwiderstand sowohl von der Form als auch vom Querschnittsverhältnis unabhängig ist. Die Darstellung 46 enthält wegen der besseren Übersicht nur Mittelwerte, da die Einzelmeßpunkte zum Teil sehr dicht zusammenliegen.

Betrachtet man den für die Umformung erforderlichen Druck, d.h. den Matrizendruck p_m (Abb. 45), so erkennt man einen deutlichen Einfluß der Profilform. Das quadratische Profil erschwert das Fließen des Werkstoffes nur unwesentlich gegenüber dem kreisrunden Profil. Der mittlere Matrizendruck p_m ist hier kaum größer. Beim Pressen von kreuzförmigen Profilen unterschiedlicher Abmessungen, aber mit gleicher Querschnittsfläche stieg der Matrizendruck gegenüber dem beim Quadrat- und Rundprofil an, jedoch unterscheidet er sich innerhalb der verschiedenen Kreuz-Profilformen kaum.

Für die praktische Berechnung der Matrizendrücke ist es zweckmäßig, Formfaktoren in der Weise einzuführen, daß man die an verschiedenen Formen gemessenen Werte auf die beim kreisförmigen Querschnitt gewonnenen bezieht. Sie wurden in Abbildung 45 eingetragen.

Abbildung 47 zeigt Teile der mit verschiedenen Querschnittsverhältnissen und Profilformen gepreßten Stränge aus Aluminium.

c) Geschwindigkeits- und Temperaturreihe

Nach der Auswertung der Höhen- und Profilreihe wurden im zweiten Versuchsabschnitt Preßversuche mit verschiedenen Geschwindigkeiten und Temperaturen durchgeführt, die nur hinsichtlich der höchsten Umformdrücke ausgewertet wurden. Die gemessenen Preßgeschwindigkeiten entsprachen den Strangaustrittsgeschwindigkeiten v_a = 690, 1050, 1480 und 1920 mm/sec, die die in der Praxis üblichen Geschwindigkeiten für Al 99,5 von 1000 bis 1600 mm/sec einschlossen.

Abbildung 49 zeigt die Drücke von drei bei jeder Höhe und jeder Geschwindigkeit durchgeführten Pressungen bei einer Temperatur von 348°C. Der Zusammenhang zwischen Stempel-, Radial- und Matrizendruck entspricht dem, der bei der Höhen- und Profilreihe gefunden wurde. Der Radialdruck, der auf Grund der Eichung mit einem hydraulischen Druck verglichen wird und daher nur einen Mittelwert darstellt, liegt nahezu in der Mitte zwischen Stempel- und Matrizendruck p_{mo}. Ein Einfluß der Geschwindigkeit ist nicht erkennbar. Dies wurde auch bei den anderen Temperaturen von

250, 300, 400 und 450°C beobachtet; er geht im untersuchten Geschwindigkeitsbereich nirgends über die Meßstreuung hinaus.

Der Temperatureinfluß bildet sich jedoch deutlich ab. In Abbildung 50 wurden die Matrizendrücke p_{mo} der bei verschiedenen Geschwindigkeiten durchgeführten Versuche über der Temperatur aufgetragen, die in der stirnseitigen Bohrung im Block kurz vor Preßbeginn gemessen wurde. Zur besseren Übersicht wurden die neun Einzelmessungen bei jeder Geschwindigkeit und jeder Temperatur nur als Mittelwert dargestellt. Der Matrizendruck p_{mo} fällt mit zunehmender Temperatur etwa linear ab; die verlängerten Geraden schneiden beim Schmelzpunkt die Abszisse. Einen ähnlichen Verlauf erhält man für die Blockaufnehmerwiderstände k_{Ba} und k_{Br}, die bei der Schmelztemperatur von Al 99,5 von 660°C verschwinden. Die für den Radialdruck maßgebende Größe k_{Br} ist etwa halb so groß wie k_{Ba} (Abb. 51).

d) Werkstoffe

Um Anhaltspunkte für die Umformdrücke anderer Metalle zu erhalten, wurden bei einer Temperatur von 450°C und einer Strangaustrittsgeschwindigkeit von 300 mm/sec je drei Blöcke aus AlMgSi in einer Länge von 63 mm mit Querschnittsverhältnissen 14.5, 25 und 40 umgeformt. Die Höchstwerte der Umformdrücke sind in Abbildung 52 über $F_o : F_1$ aufgetragen. Die Streuung der einzelnen Meßpunkte ist größer als bei den Versuchen mit Reinaluminium, aber die festgestellten Einflüsse sind doch deutlich zu erkennen. Der Matrizendruck p_{mo} ist vom Querschnittsverhältnis abhängig, während die Druckunterschiede $(p_a - p_{mo})$ und $(p_r - p_{mo})$ durch die verschiedenen Strangdicken nicht beeinflußt werden.

Für Kupfer und Messing 58 ergab sich ein ähnlicher Verlauf (Abb. 52). Die Blöcke wurden bei verhältnismäßig hohen Temperaturen verarbeitet, so daß entsprechend niedrige Umformdrücke gemessen wurden. Wegen der hohen Temperaturdifferenz zwischen Block und Werkzeug setzte unmittelbar nach Preßbeginn eine starke Abkühlung des Preßwerkstoffes ein und verursachte während des Pressens ständig steigende Umformdrücke. Die in Abbildung 52 dargestellten Meßpunkte wurden zu Preßbeginn ausgewertet. Auf Grund der hohen Temperaturunterschiede erwärmten sich die Innenzonen der Blockaufnehmer-Bohrung sehr rasch, wenn die Druckberührung zwischen Block und Bohrung eintrat. Die dadurch entstehenden Wärmespannungen verfälschten das Ergebnis für die Radialdrücke, so daß diese nicht angegeben werden können. Die axialen Umformdrücke, deren Messung von der Erwärmung des Blockaufnehmers nicht berührt wird, sind in Abbildung 52 dargestellt.

Bei Stahl konnte durch Anwendung der Glasschmierung eine zusätzliche Erwärmung des Blockaufnehmers vermieden werden. Beim Strangpressen von Stahl wurden die Blöcke vor dem Einsatz in den Ofen mit einer etwa 10 bis 20 mm dicken Glaswolle-Schicht umgeben, die mit Wasserglas angeklebt wurde (Abb. 53). Im Ofen, dessen Temperatur auf 1150°C eingestellt war, liefen die Glaswolle-Fasern zusammen und bildeten um den Stahlblock einen 1 bis 2 mm dicken Glasfilm.

Die Blöcke wurden, um für jeden Versuch gleiche Verhältnisse zu schaffen, 14 min im Ofen erwärmt. Die Strangaustrittsgeschwindigkeit betrug v_a = 900 mm/sec; sie mußte geringer als in der Praxis üblich gewählt werden, damit die Bedienungsperson nicht durch den seitlich aus der Versuchseinrichtung herauslaufenden Strang gefährdet wurde.

Um eine zusätzliche Erwärmung des Aufnehmers während des Preßvorganges zu verhindern, wurde der Blockaufnehmer bei jeder Pressung innen mit Glaswolle ausgefüttert, so daß zu Preßbeginn eine Wärme-Isolierschicht zwischen Preßgut und Blockaufnehmerwand vorhanden war. Dadurch konnte eine Verfälschung der Radialdrücke verhindert werden.

Abbildung 55 zeigt die gemittelten Ergebnisse von insgesamt 9 Pressungen, die an je zwei Stellen des Oszillogrammes (1 und 2 in Abb. 54) ausgewertet wurden. Wegen der gleichen Erwärmungszeiten aller Stahlproben und des raschen Einführens des Blockes und Einleitens des Preßvorganges ist die Streuung der Meßpunkte verhältnismäßig klein.

Die Schmierung in den Berührflächen zwischen Werkstoff und Werkzeug bewirkte, daß zwischen Stempeldruck und Matrizendruck p_{mo} kein Unterschied festgestellt werden konnte, wie aus dem gleichen Verlauf der Meßgeber-Anzeige im Oszillogramm für Stempel- und Matrizendruck zu erkennen ist. Der Radialdruck p_r liegt an beiden ausgewerteten Stellen unter dem axialen Umformdruck und konnte im Schaubild über der logarithmisch geteilten Abszisse auch durch eine Gerade dargestellt werden. Der Verlauf der Axialdrücke erreicht zu Preßbeginn einen Höchstwert (1 in Abb. 54) und fällt dann ab (2 in Abb. 54). Im weiteren Verlauf steigt der Stempeldruck wieder, was auf die Abkühlung des Blockes zurückgeführt werden muß.

Die mit geschmierten Berührflächen durchgeführten Strangpreßversuche an Stahl lassen sich mit dem Fließpreßbeispiel von JORDAN [21] qualitativ vergleichen, da Reibungsfreiheit gegeben war. Die drei Drücke zeigen zahlenmäßig etwa den gleichen Zusammenhang (Abb. 56). In beiden Fällen ist der Matrizendruck größer als der Stempeldruck. Da keine Reibung an der Aufnehmerwand vorhanden ist, verhalten sich die axialen Drücke umgekehrt proportional zu den Flächen, auf die sie wirken. Auch der Radialdruck ist bei den Versuchen, wie auch JORDAN feststellte, kleiner als die beiden axialen Umformdrücke. Abbildung 56 zeigt die Randspannungen des Fließpreßbeispieles und mehrerer Stahlproben bei verschiedenen Querschnittsverhältnissen.

Die Messung der Umformdrücke hat folgende Auskünfte erbracht:

Der auf die Innenwand des Blockaufnehmers wirkende Radialdruck p_r und der vom Stempel aufgebrachte Axialdruck p_a können als Summe von dem an der Matrize auftretenden Druck und von einem reibungsabhängigen Teil ausgedrückt werden:

$$p_a = C \cdot \frac{F_o - F_1}{F_o} \cdot \ln \frac{F_o}{F_1} + k_{Ba} \left[\frac{h}{D_o} - \frac{1}{2}\right] \quad (10)$$

$$p_r = C \cdot \frac{F_o - F_1}{F_o} \cdot \ln \frac{F_o}{F_1} + k_{Br} \left[\frac{h}{D_o} - \frac{1}{2}\right] \quad (11)$$

Der Matrizendruck p_m ist eine logarithmische Funktion des Querschnittsverhältnisses ($\ln F_o/F_1$) bei kreisrunden Querschnitten (Abb. 44). Bei nicht kreisförmigen Profilen kann der Matrizendruck über einen Formfaktor f mit dem Druck für kreisrunde Querschnitte in Beziehung gebracht werden (Abb. 45). Seine Abhängigkeit von der Temperatur kommt in der Konstanten C zum Ausdruck, die für Al 99,5 gemessen wurde (Abb. 50). Die Faktoren k_{Ba} und k_{Br} berücksichtigen die Reibungswiderstände an der Blockaufnehmerwand. Sie enthalten die wirksame Scherlänge (h/D_o - 0,5), die auf Grund von Versuchen (Abb. 43) gefunden wurde (Abb. 51). Sie sind von der Profilform und -größe unabhängig (Abb. 46).

4 Berechnung mehrteiliger Blockaufnehmer

41 Belastbarkeit durch Radialdruck in der Wirkfuge

Für die Berechnung der zulässigen Anstrengung des Werkstoffes von Blockaufnehmern finden sich im Schrifttum folgende Hypothesen:

1. die Theorie der größten Dehnung nach C. BACH

2. die Gestaltänderungs-Energie-Theorie nach v. MISES und HENCKY

3. die Theorie der größten Schubspannung nach MOHR

In den Arbeiten über Preßpassungen, die das elastische Verhalten der Werkstoffe behandeln, wird auf den theoretischen Grundlagen von BACH [3] und FÖPPL [12] aufgebaut. Für die Berechnung hohler Preßpassungen, die durch Innendruck beansprucht werden, liegen die Arbeiten von KAISER [23], SCHWINNING [49], LEINSS [32] und FRIEDEWALD [13] vor, in denen zum Teil schon Preßpassungsverbände berechnet werden, die aus mehr als zwei gefügten Ringen bestehen. KAISER legte beim Armieren von Geschützrohren die Theorie der größten Dehnung zugrunde. Sie hat sich bei Versuchen mit Stahl nicht bestätigt [43]. SCHWINNING benutzte die Dehnungstheorie und die Theorie der Gestaltänderungs-Energie nebeneinander für mehrlagige Geschützrohre unter der Voraussetzung eines ebenen Verformungszustandes. LEINSS beschränkte sich auf die Berechnung zweiteiliger Ringverbände unter Radialdruck mit Hilfe der Gestaltänderungs-Energie-Theorie unter der Annahme eines ebenen Spannungszustandes. Er berücksichtigte die unterschiedliche Festigkeit der Bauteile durch das Verhältnis der Streckgrenzen. Die Gestaltänderungs-Energie-Theorie kommt den tatsächlichen Beanspruchungsverhältnissen am nächsten, doch gelangt man bei der Berechnung mehrteiliger Preßpassungen zu umfangreichen, unhandlichen Gleichungen.

Der Verfasser benutzte für seine Berechnung die Theorie der größten Schubspannungen, wie sie bereits zur Berechnung einfacher Preßpassungen in DIN 7190 herangezogen wurde. Nach Untersuchungen von FRIEDEWALD [13] ergeben sich bei ihr um etwa 10 % niedrigere zulässige Radialdrücke bei Erreichen der Streckgrenze am Innenrand des Aufnehmers als bei Benutzung der Gestaltänderungs-Energie-Theorie. Die Theorie der größten Schubspannung schließt daher eine Sicherheit ein.

Ferner wird, wie zur Berechnung der Fugenpressung in Abschnitt 1, ein ebener Spannungszustand im Blockaufnehmer vorausgesetzt. Er liegt nur dann vor, wenn der Blockaufnehmer entlang seiner ganzen Länge unter gleich hohem Radialdruck steht und seine Enden sich frei verformen können. Tatsächlich ergibt sich danach rechnisch eine etwas höhere Beanspruchung des Aufnehmers als die beim Pressen auftretende, weil die eingesetzten Blöcke in der Regel kürzer sind als der Aufnehmer, so daß die Enden unbelastet sind.

Ferner wird vorausgesetzt, daß alle Bauteile des Blockaufnehmers gleiches Elastizitätsverhalten aufweisen. Die Streckgrenzen der einzelnen Bauteile dürfen hingegen unterschiedlich sein.

Sicherheitsfaktoren lassen wir aus. Sie können in der Praxis leicht eingeführt werden, indem alle Streckgrenzen rechnerisch im gleichen Verhältnis herabgesetzt werden.

Während bisher die Berechnungen für eine bestimmte Anzahl von zusammengepreßten Ringen oder Rohren ausgelegt worden sind, legt es die größere Anzahl von unter Druck stehenden Fugen nahe, die Berechnung für eine beliebige Anzahl n von ineinander geschachtelten Rohren anzusetzen, von denen das innerste unter einem Radialdruck $p_r \geq 0$ steht.

Zunächst wird die Rechnung ohne Wärmespannungen durchgeführt. Ihr Einfluß auf die Belastbarkeit wird im Abschnitt 5 untersucht. Es wird sich zeigen, daß durch die neue Berechnungsweise die Wärmespannungen leicht durch Superposition berücksichtigt werden können.

Die Mohr'sche Schubspannungstheorie besagt, daß für das Eintreten des Fließzustandes die größte Schubspannung maßgebend ist. Sie erreicht für die Schnittebene, die unter $\alpha = 45^\circ$ zu den Hauptspannungen verläuft, den Höchstwert:

$$\tau_{max} = \frac{\sigma_t - \sigma_r}{2} \quad . \tag{12}$$

σ_t und σ_r sind die Hauptspannungen im einfachen Rohr. Der einachsige Spannungszustand beim Zugversuch liefert:

$$\tau_{max} = \frac{\sigma_s}{2} \tag{13}$$

so daß für das Erreichen des Fließzustandes im dickwandigen Rohr folgende Bedingung gilt:

$$\sigma_s = \sigma_t - \sigma_r \quad . \tag{14}$$

Der radiale Umformdruck in der Wirkfuge p_r belastet die Innenbüchse des Blockaufnehmers. Gleichzeitig wirken die Fugenpressungen p_{Fk} auf die Bauteile. Diese Pressungen rufen als Innen- und Außendrücke im Werkzeug Radial- und Tangentialspannungen hervor. Diese Spannungen und die von ihnen hervorgerufenen Dehnungen können, solange alle Bauteile gleiches Elastizitätsverhalten aufweisen, nach dem Superpositionsgesetz addiert werden.

Wir setzen die Hauptspannungsdifferenz gleich S; sie wird gemäß Tafel 1 für ein einfaches Rohr unter Innendruck am Innenrand:

$$S_i = (\sigma_t - \sigma_r)_i = p_r \cdot \frac{2}{1-Q^2} \quad . \tag{15}$$

Jeweils am Innenrand eines Preßpassungsringes mit $D = D_i$ ist die Hauptspannungsdifferenz S am größten und somit für die Belastbarkeit entscheidend. Mit der Fließbedingung (14) wird der zulässige Innendruck, bei dem das Rohr an der Innenwand bis zur Streckgrenze beansprucht wird, gemäß Gl. (15) zu

$$\frac{p_r}{\sigma_S} \leqq \frac{1-Q^2}{2} \quad . \tag{16}$$

Für die Hauptspannungsdifferenz am Innenrand eines Rohres unter Außendruck gilt gemäß Gl. (7) (Tafel 1):

$$S_i = (\sigma_t - \sigma_r)_i = -\, p_F \cdot \frac{2}{1-Q^2} \quad . \tag{17}$$

Den Gln. (15) und (17) entnehmen wir, daß sich bei gleichem Außendruck p_F und gleichem Innendruck p_r die superponierten Hauptspannungsdifferenzen am Innenrand gerade aufheben. Setzen wir nun das einfache dickwandige Rohr mittels einer Preßpassung in ein Außenrohr (2. Bauteil), so erzeugen wir eine zusätzliche Außenspannung p'_{F2}. Die Hauptspannungsdifferenzen heben sich wiederum auf, wenn wir einen Teilinnendruck $p_{r2} = p'_{F2}$ superponieren. Wir wiederholen nun diesen Preßvorgang mit immer mehr Außenrohren, von denen jeder einzelne durch alle Zwischenbüchsen durchwirkend auf die Innenbüchse einen zusätzlichen Außendruck p'_{Fk} ausübt. Mit jedem dieser Außendrücke p'_{Fk} kann der zulässige Innendruck um einen Teildruck $p_{rk} = p'_{Fk}$ erhöht werden.

Die zusätzlichen Außendrücke sind begrenzt, da sie als Innendrücke auf die Innenwand des sie erzeugenden Außenrohres wirken. Unter der Voraussetzung, daß im jeweiligen Außenteil gerade die Streckgrenze erreicht wird, gilt nach Gl. (3) (Tafel 1) die Beziehung in der k-ten Fuge:

$$p_{rk} \equiv p'_{Fk} = \frac{1-{Q_k}^2}{2} \cdot \sigma_{sk} \quad . \tag{18}$$

Der gesamte zulässige Innendruck setzt sich nun aus den Teildrücken p_{rk} zusammen:

$$p_r = p_{r1} + \sum_{k=2}^{k=n} \sigma_{sk} \cdot \frac{1-Q_k^2}{2} \tag{19}$$

oder

$$p_r = \sum_{k=1}^{n} \sigma_{sk} \cdot \frac{1-Q_k^2}{2} = \sum_{k=1}^{n} \frac{\sigma_{s1}}{x_{1k} \cdot \alpha} \cdot \frac{1-Q_k^2}{2} \tag{20}$$

Haben die Bauteile unterschiedliche Streckgrenzen, so kann das, wie **LEINSS** zeigte, durch das jeweilige Verhältnis der Streckgrenze der Büchse 1 zu der Büchse k

$$x_{1k} = \frac{\sigma_{s1}}{\sigma_{sk}} \tag{21}$$

der betreffenden Bauteile berücksichtigt werden. Mit ihm wird der zulässige Gesamt-Radialdruck bezogen auf die Streckgrenze des Innenteiles zu

$$\frac{p_r}{\sigma_{s1}} \leqq \frac{1-Q_1^2}{2} + \frac{1-Q_2^2}{2x_{12}} + \cdots\cdots + \frac{1-Q_n^2}{2x_{1n}} \quad . \tag{22}$$

Für ein unter radialem Innendruck stehendes Rohr wird der auf die Streckgrenze σ_{s1} bezogene Radialdruck als Parabel über dem Durchmesserverhältnis Q_k dargestellt. In Abbildung 57 wurden Parabeln für verschiedene Verhältnisse aus σ_{s1} zur Streckgrenze des Rohres σ_{sk} aufgetragen. An Hand dieses Diagrammes können mit bekannten Abmessungen aller n Preßpassungsringe und deren Streckgrenzen, die Teilinnendrücke und damit der Gesamt-Radialdruck bequem ermittelt werden. Dazu wird für das jeweilige Durchmesserverhältnis Q_k eines Bauteiles auf der entsprechenden x-Kurve die Ordinate, der auf die Streckgrenze des Innenteiles bezogenen Radialdruck, abgelesen und für alle n Bauteile summiert.

42 Günstigste Aufteilung der Ringdicken

Bei gegebenem Durchmesserverhältnis Q des Preßverbandes hängt die zulässige Belastbarkeit auf radialen Innendruck von den Durchmessern der Fugen, d.h. von der Dicke der einzelnen Preßpassungsringe ab. Die günstigste Aufteilung hinsichtlich der Belastbarkeit erhält man, wenn man Gl. (22) partiell nach den Fugendurchmessern differenziert und die Differentialquotienten verschwinden läßt:

$$\frac{\partial \frac{p_r}{\sigma_{s1}}}{\partial D_{F2}} = 0 \;\cdots\cdots\; \frac{\partial \frac{p_r}{\sigma_{s1}}}{\partial D_{Fn}} = 0 \quad . \tag{23}$$

Die Ausführung der partiellen Differentiation (siehe Anhang II) liefert mit $x_{(k-1)k} = \sigma_{sk-1}/\sigma_{sk}$ die Ausdrücke:

$$Q_2 = \sqrt{x_{12}} \cdot Q_1 \;;\quad Q_3 = \sqrt{x_{23}} \cdot Q_2 \;;\cdots\cdots\; Q_n = \sqrt{x_{(n-1)n}} \cdot Q_{n-1} \quad . \tag{24}$$

Die Durchmesserverhältnisse der einzelnen Bauteile sind durch das Gesamtdurchmesserverhältnis miteinander verbunden:

$$Q = Q_1 \cdot Q_2 \cdot Q_3 \cdots Q_n \quad . \tag{25}$$

Setzt man die Ausdrücke der Gl. (24) nacheinander in Gl. (25) ein, erhält man

$$Q = Q_1^n \cdot \sqrt{x_{12} \cdot x_{13} \cdot \cdots \cdot x_{1n}} \tag{26}$$

oder

$$Q_1 = \sqrt[n]{\frac{Q}{\sqrt{x_{12} \cdot x_{13} \cdot \cdots \cdot x_{1n}}}} \tag{27}$$

Aus Gl. (24) folgt ferner

$$Q_k = \sqrt{x_{1k}} \cdot Q_1 = \sqrt{x_{1k}} \cdot \sqrt[n]{\frac{Q}{\sqrt{x_{12} \cdot x_{13} \cdot \cdots \cdot x_{1n}}}} \quad . \tag{28}$$

Mit dieser Gleichung ist die günstigste Aufteilung der Ringdicken bestimmt.

Abbildung 58 zeigt beispielsweise das Belastungsverhältnis p_r/σ_{s1} für einen dreiteiligen Blockaufnehmer ($Q = 0{,}16$) in Abhängigkeit vom Durchmesserverhältnis des Innenteiles. Diese Darstellung macht den Einfluß deutlich, den die Lage der Fugendurchmesser und damit die Dicke der einzelnen Rohre auf die zulässige Belastung hat. Die Durchmesserverhältnisse der Zwischenbüchse und des Mantels sind hier Parameter. Jede Kurve besitzt einen ausgeprägten Höchstwert und die Kurvenschar hat an der Stelle $Q_2 = 0{,}48$ und $Q_3 = 0{,}54$ ein Maximum.

Mit der günstigsten Auslegung der Durchmesserverhältnisse können wir nun auch die optimale Belastbarkeit angeben. Mit Gl. (22) und (28) wird sie zu

$$\frac{p_r}{\sigma_{s1}} \leqq \frac{1-Q_1^2}{2} + \frac{1-x_{12}\cdot Q_1^2}{2x_{12}} + \cdots\cdots + \frac{1-x_{1n}\cdot Q_1^2}{2x_{1n}} \tag{29}$$

Je geringer die Streckgrenzen der äußeren Bauteile sind, umso geringer wird auch die Belastbarkeit.

43 Bestimmung der Fugenpressung und der Belastungsgrenze

Nachdem die optimale Aufteilung eines Aufnehmers in mehrere Rohre berechnet wurde, werden nun die Pressungen in den Fragen so berechnet, daß mit ihnen die Hauptspannungsdifferenz in jedem einzelnen Bauteil bei größtzulässigem Radialdruck nach Gl. (22) die Streckgrenze erreicht.

Für einen von innen nach außen gefügten Blockaufnehmer gehen wir von der Hauptspannungsdifferenz am Innenrand des Innenteiles aus, die sich durch entsprechende Überlagerung der Gl. (3) und (7) (Tafel 1) ergibt:

$$S_{1i} = (\sigma_t - \sigma_r)_{1i} = p_r \cdot \frac{2}{1-Q^2} - p_{F2}\cdot\frac{2}{1-Q_1^2} - p_{F3}\cdot\frac{2}{1-Q_{12}^2} - \cdots\cdots p_{Fn}\cdot\frac{2}{1-Q_{1(n-1)}^2} \; . \tag{30}$$

Für die Hauptspannungsdifferenz am Innenrand des n-ten Bauteiles erhalten wir

$$S_{ni} = (\sigma_t - \sigma_r)_{ni} = p_r\,\frac{2Q_{1(n-1)}^2}{1-Q^2} + p_{Fn}\,\frac{2}{1-Q_n^2} \tag{31}$$

In der gleichen Weise können die Beanspruchungen am Innenrand der Bauteile k = 2 bis k = n-1 angeschrieben werden. Sie sind in Tafel 7 für die Fügerichtung von innen nach außen zusammengestellt. In den Zeilen 1 bis n sind die Hauptspannungsdifferenzen angegeben, die durch die Wirkung der waagerecht aufgezählten Bauteile entstehen.

Durch Eliminieren von p_{Fk}, nacheinander beginnend von der Gleichung (n) (Tafel 7) erhalten wir, da der zulässige Radialdruck aus Gl. (22) bekannt ist, Bestimmungsgleichungen für die gesuchten Fugenpressungen. Diese Gleichungen lauten:

$$p_{Fn} = \frac{1-Q_n^2}{2}\left[\sigma_{Sn} - p_r\cdot\frac{2Q_{1(n-1)}^2}{1-Q^2}\right] \tag{32}$$

T a f e l 7

Gleichungssystem zur Bestimmung der erforderlichen Fugenpressung und des zulässigen Belastungsverhältnisses für einen n-teiligen Blockaufnehmer

(Fügerichtung: innen ⟶ außen) $(Q_{1n} = Q_1 \cdot Q_2 \;\dots\; Q_n)$

Σ		Beanspruchung am Jnnenrand Teilbeanspruchung							
		1	2	3	4	...	n - 1	n	
1	S_{1i}	$p_r \cdot \frac{2}{1-Q^2}$	$-p_{F2} \cdot \frac{2}{1-Q_1^2}$	$-p_{F3} \frac{2}{1-Q_{12}^2}$	$-p_{F4} \frac{2}{1-Q_{13}^2}$	...	...	$-p_{Fn} \frac{2}{1-Q_{1(n-1)}^2}$	$\leq \sigma_{S1}$
2	S_{2i}	$p_r \cdot \frac{2Q_1^2}{1-Q^2}$	$p_{F2} \cdot \frac{2}{1-Q_2^2}$	$-p_{F3} \frac{2Q_1^2}{1-Q_{12}^2}$	$-p_{F4} \frac{2Q_1^2}{1-Q_{13}^2}$	...	...	$-p_{Fn} \frac{2Q_1^2}{1-Q_{1(n-1)}^2}$	$\leq \sigma_{S2} = \frac{\sigma_{S1}}{x_{12}}$
3	S_{3i}	$p_r \frac{2Q_{12}^2}{1-Q^2}$	0	$-p_{F3} \frac{2}{1-Q_3^2}$	$-p_{F4} \frac{2Q_{12}^2}{1-Q_{13}^2}$	...	...	$-p_{Fn} \frac{2Q_{12}^2}{1-Q_{1(n-1)}^2}$	$\leq \sigma_{S3} = \frac{\sigma_{S1}}{x_{13}}$
4	S_{4i}	$p_r \frac{2Q_{13}^2}{1-Q^2}$	0	0	$p_{F4} \frac{2}{1-Q_4^2}$	...	...	$-p_{Fn} \frac{2Q_{13}^2}{1-Q_{1(n-1)}^2}$	$\leq \sigma_{S4} = \frac{\sigma_{S1}}{x_{14}}$
..	..	...	...	...	...	...	...	...	...
n-1	$S_{(n-1)i}$	$p_r \frac{2Q_{1(n-2)}^2}{1-Q^2}$	0	0	0	0	$p_{F(n-1)} \frac{2}{1-Q_{n-1}^2}$	$-p_{Fn} \frac{2Q_{1(n-2)}^2}{1-Q_{1(n-1)}^2}$	$\leq \sigma_{Sn-1} = \frac{\sigma_{S1}}{x_{1(n-1)}}$
n	S_{ni}	$p_r \frac{2Q_{1(n-1)}}{1-Q^2}$	0.	0	0	0	0	$p_{Fn} \frac{2}{1-Q_n^2}$	$\leq \sigma_{Sn} = \frac{\sigma_1}{x_{1n}}$

$$p_{Fn-1} = \frac{1-Q_{n-1}^2}{2}\left[\sigma_{sn-1} - p_r \cdot \frac{2Q_1^2(n-2)}{1-Q^2} + p_{Fn} \cdot \frac{2Q_1^2(n-2)}{1-Q_1^2(n-1)}\right] \quad . \qquad (32)$$

usw.

Dieses Verfahren zur Berechnung der Fugenpressung ist umständlich. Die Berechnung der Fugenpressungen vereinfacht sich jedoch, wenn wir jeweils die Fugenpressung zwischen zwei Gruppen von ineinander gepreßten Rohren, nämlich zwischen einem m-teiligen Innenrohr mit dem Durchmesserverhältnis Q_{Ip} und einem (n-m)-teiligen Außenrohr mit dem Durchmesserverhältnis Q_{Ap} berechnen. Dazu gehen wir von der Gleichung für die Hauptspannungsdifferenz am Innenrand des Außenverbandes aus:

$$S_{(m+1)i} = (\sigma_t - \sigma_r)_{(m+1)i} = p_r \frac{2Q_{Jp}^2}{1-Q^2} + p_{Fm+1} \cdot \frac{2}{1-Q_{Ap}^2} \quad . \qquad (33)$$

Nun sind beide Bauteile durch Aufteilung in Preßpassungsringe stärker als ein einfaches Rohr mit gleichem Gesamtdurchmesserverhältnis. Diese Verstärkung kommt in Faktoren zum Ausdruck, die als Verhältnis der zulässigen Radialdrücke des mehrteiligen Preßverbandes zu dem des einfachen Rohres gebildet werden. Mit dem Belastungsverhältnis gemäß Gl. (22) werden die Verstärkungsfaktoren zu

$$V_J = \frac{(1-Q_1^2) + \frac{1-Q_2^2}{x_{12}} + \cdots + \frac{1-Q_m^2}{2x_{1m}}}{1 - Q_{Jp}^2} \quad . \tag{34}$$

$$V_A = \frac{\frac{1-Q_{m+1}^2}{x_{1(m+1)}} + \cdots\cdots + \frac{1-Q_n^2}{x_{1n}}}{\frac{1 - Q_{Ap}^2}{x_{1(m+1)}}} \quad . \tag{35}$$

Mit ihnen wird die zulässige Beanspruchung

am Innenrand des <u>Innenverbandes</u> gleich dem V_I-fachen der Streckgrenze seines Innenteiles σ_{s1}

und am Innenrand des <u>Außenverbandes</u> gleich dem V_A-fachen der Streckgrenze seines Innenteiles $\sigma_{s(m+1)}$.

Somit erhalten wir aus Gl. (33)

$$\sigma_{s(m+1)} \cdot V_A \geqq p_r \cdot \frac{2\,Q_{Jp}^2}{1-Q^2} + p_{F(m+1)} \cdot \frac{2}{1-Q_{Ap}^2} \tag{36}$$

und für den Innenrand des Innenteiles gemäß Gl. (3) und (7) (Tafel 1)

$$\sigma_{s1} \cdot V_J \geqq p_r \cdot \frac{2}{1-Q^2} - p_{F(m+1)} \cdot \frac{2}{1-Q_{Jp}^2} \quad . \tag{37}$$

Die mit Q_{Ip}^2 multiplizierte Gl. (37) wird von Gl. (36) abgezogen und nach

$$\frac{p_{F(m+1)}}{\sigma_{s1} \cdot V_J}$$

aufgelöst:

$$\frac{p_{F(m+1)}}{\sigma_{s1} \cdot V_J} = \frac{\left(1-Q_{Ap}^2\right)\left(1-Q_{Jp}^2\right)\left(1-\frac{\sigma_{s1}}{\sigma_{s(m+1)}} \cdot \frac{V_J}{V_A} \cdot Q_{Jp}^2\right)}{2 \cdot \frac{\sigma_{s1}}{\sigma_{s(m+1)}} \cdot \frac{V_J}{V_A} \cdot (1-Q^2)} \quad . \tag{38}$$

Mit dem zusammengefaßten Ausdruck

$$x = \frac{\sigma_{s1}}{\sigma_{s(m+1)}} \cdot \frac{V_J}{V_A} = x_{1(m+1)} \cdot \frac{V_J}{V_A} \tag{39}$$

erhalten wir eine Bestimmungsgleichung für den Fugendruck

$$p_{F(m+1)} = \sigma_{s1} \cdot V_J \cdot \frac{(1-Q_{Jp}^2)(1-Q_{Ap}^2)(1-xQ_{Jp}^2)}{2x(1-Q^2)} \quad . \qquad (40)$$

Diese Gleichung wurde in Abbildung 59 veranschaulicht.

Die Spannungsverteilung in einem ein-, zwei- und drei-teiligen Blockaufnehmer bei höchstzulässigem Innendruck zeigen die Abbildungen 61 bis 63. Der Übersicht halber wurde in diesen Darstellungen für mehrteilige Preßverbände die tangentiale Spannung auf der rechten Seite über dem Halbmesser r und die Radialspannung sowie die Hauptspannungsdifferenz auf der linken Seite des Achsenkreuzes aufgetragen. Allen drei Fällen wurde ein Gesamtdurchmesserverhältnis von Q = 0,16 zugrunde gelegt und die Streckgrenzen der Bauteile zu σ_{s1} = 100, σ_{s2} = 80 und σ_{s3} = 63 kp/mm^2 angenommen. Der einfache Ring erreicht schon bei einem radialen Innendruck von p_r = 48,7 kp/mm^2 die Streckgrenze, die zweiteilige Ausführung kann p_r = 75,6 [kp/mm^2] aushalten, während das dreiteilige Werkzeug einer Belastung von p_r = 86,2 [kp/mm^2] standhält.

Bei dem einfachen Ring werden die äußeren Zonen nur sehr wenig beansprucht, der Werkstoff wird nicht voll ausgenutzt. Bei der zweiteiligen Ausführung ist dagegen die Beanspruchung in den äußeren Zonen, abgesehen von dem ohnehin größeren zulässigen Radialdruck, höher. Der Werkstoff wird also wegen der gleichmäßigeren Verteilung der Beanspruchung besser ausgenutzt, wobei noch für die Außenteile Stähle mit geringeren Streckgrenzen eingesetzt werden dürfen.

Von der Fügefolge hängt es ab, welchen Beitrag die einzelnen Bauteile eines drei- oder mehrteiligen Blockaufnehmers zur Vorspannung des gesamten Verbandes leisten. Das wird in Abbildung 63 am Beispiel eines dreiteiligen Aufnehmers veranschaulicht, in dem die Teilspannungen, die jedes Bauteil einzeln erzeugt, als strichpunktierte Linien eingetragen sind. Abbildung 63a zeigt die Spannungen für die Fügerichtung von außen nach innen und Abbildung 63b in umgekehrter Reihenfolge. Der Spannungsverlauf, der sich nach dem Fügen im Aufnehmer einstellt, ergibt sich als Summe der Teilspannungen (Abb. 63c) und ist natürlich von der Fügefolge unabhängig.

Bisher wurde der Blockaufnehmer so aufgeteilt, daß alle Bauteile unter radialem Innendruck gleichmäßig beansprucht waren, d.h. daß die Hauptspannungsdifferenzen die jeweiligen Streckgrenzen erreichten. Damit ergab sich die beste Ausnutzung des Werkzeugstoffes. Es soll nun, ungeachtet der optimalen Aufteilung, berechnet werden, wenn das Innenteil im unbelasteten Zustand bis zur Quetschgrenze vorgespannt wird. In diesem Fall wird die Hauptspannungsdifferenz am Innenrand des Innenteiles gemäß Gl. (1) (Tafel 7)

$$S_{1i} = (\sigma_t - \sigma_r)_{1i} = p_r \frac{2}{1-Q^2} - \sigma_{sd} \leqq \sigma_{s1} \tag{41}$$

und es ergibt sich unter der Annahme $\sigma_{sd} = \sigma_s$ der auf die Streckgrenze bezogene zulässige radiale Innendruck zu

$$\frac{p_r}{\sigma_{s1}} = 1 - Q^2 \quad . \tag{42}$$

Das Belastungsverhältnis p_r / σ_{s1} ist für mehrteilige Blockaufnehmer in Abbildung 64 in Abhängigkeit vom Gesamtdurchmesserverhältnis aufgetragen. Es steigt mit abnehmendem Gesamtdurchmesserverhältnis und ist im Grenzfall gleich eins, d.h. der zulässige Radialdruck ist gleich der Streckgrenze des Innenrohres. Für einteilige Rohre ist das Belastungsverhältnis ebenfalls in Abbildung 64 eingetragen. Es ist halb so groß wie das des vorgespannten Blockaufnehmers.

44 Haft- und Übermaße

Die erforderlichen Fugenpressungen zur Vorspannung der Innenteile eines Blockaufnehmers werden durch die Haft- bzw. Übermaße der Fugendurchmesser erzeugt. Eine Anleitung zur Bestimmung der nötigen Haftmaße enthält DIN 7190.

Das Haftmaß setzt sich aus den Radialverschiebungen der Innen- und Außenteile (Tafel 1) an ihrem jeweiligen gemeinsamen Fugendurchmesser zusammen. In DIN 7190 sind die Radialverschiebungen in den Hilfsgrößen K_I und K_A enthalten, mit denen das Haftmaß

$$Z = D_F \cdot p_F \, (K_A + K_J) \tag{43}$$

berechnet wird. Da für Blockaufnehmer nur Stahl mit gleichem Elastizitäts-Verhalten verwendet wird, können K_A und K_I unter Verwendung der Formeln aus DIN 7190 [8] weiter zusammengefaßt werden:

$$\zeta_{(m+1)} = \frac{Z}{D_{F(m+1)}} = p_{F(m+1)} \frac{1}{E} \cdot \frac{2(1-Q^2)}{(1-Q_{Jp}^2)(1-Q_{Ap}^2)} \quad . \tag{44}$$

Mit der Beziehung für die erforderliche Fugenpressung (40) wird das bezogene Haftmaß:

$$\zeta_{(m+1)} \cdot \frac{E}{\sigma_{S1} \cdot V_J} = \frac{1}{x} - Q_{Jp}^2 \qquad (45)$$

Es wird in Abbildung 60 in Abhängigkeit vom Durchmesserverhältnis Q_{Ip} des ein- oder mehrteiligen Innenringes mit x als Parameter dargestellt.

Die Bearbeitung hinterläßt auf der Fugenfläche eine Rauheit, d.h. Erhebungen und Vertiefungen. Beim Fügen wird diese Rauheit entweder teilweise geglättet (Längspreßpassung) oder Teile der Erhebungen greifen in gegenüberliegende Vertiefungen (Querpreßpassung) ein. In beiden Fällen ist ein Übermaßverlust ΔU die Folge, der sich aus den Glättungsgrößen zusammensetzt. Das erforderliche Übermaß wird dann:

$$U = Z + \Delta U = Z + 2(G_{Api} + G_{Jpa}) \qquad (46)$$

Bei Blockaufnehmern mit mehr als zwei Preßpassungsringen muß bei der Herstellung des Übermaßes beachtet werden, daß sich der freie Fugendurchmesser (= Innen- oder Außendurchmesser) an den zuerst gefügten Teilen unter der zwischen ihnen bereits wirksamen Fugenpressung ändert. Bei einem mehrteiligen Außenring wird sein Innendurchmesser kleiner, bei einem mehrteiligen Innenring sein Außendurchmesser größer. Diese Durchmesseränderung kann rechnerisch aus der Radialverschiebung nach Tafel 1 unter Innen- oder Außendruck errechnet werden. Jedoch wird hier auf eine Rechnung verzichtet, da die Änderung des freien Fugendurchmessers in bezug auf das Übermaß leicht aufgefangen werden kann, wenn die freien Fugendurchmesser nach dem Fügen gemessen und danach die zugehörigen Schrumpfdurchmesser unter Berücksichtigung des Übermaßes ausgeführt werden.

Das theoretisch erforderliche Haftmaß nach Gl. (45) gewährleistet die gewünschte Festigkeit des Blockaufnehmers. Die rechnerisch ermittelten Größen können aber fertigungstechnisch nur in bestimmten Grenzen eingehalten werden. Wenn daher das Haftmaß um einen Teil kleiner als theoretisch erforderlich ausgeführt wird, ist die Fugenpressung geringer und das vorgespannte Bauteil erreicht seine Streckgrenze, ohne daß das Außenteil voll ausgenutzt wird. Wird dagegen infolge der Haftmaßtoleranz ein größeres Haftmaß verwirklicht, ist die Fugenpressung größer, und im Außenteil erreicht die Hauptspannungsdifferenz die Streckgrenze, wenn das Innenteil noch nicht ausgenutzt ist. Es ist deshalb zweckmäßig, ein mittleres Haftmaß mit der oberen und unteren Schranke für die Abweichungen vom Haftmaß anzugeben.

Mit der Haftmaßtoleranz ist eine Verringerung des zulässigen Radialdruckes verbunden. Sie wird aus der Gleichung für die Hauptspannungsdifferenz am Innenrand des Innenteiles berechnet. Aus Gl. (37) wird

$$\frac{p_r}{\sigma_{s1} \cdot V_J} = \frac{1-Q^2}{2} \left[1 + \frac{p_{F(m+1)}}{\sigma_{s1} \cdot V_J} \cdot \frac{2}{1-Q_{Jp}^2} \right] . \qquad (47)$$

Die Fugenpressung hängt gemäß Gl. (44) mit dem Haftmaß zusammen, so daß bei einer Änderung des bezogenen Haftmaßes die Verringerung des zulässigen Radialdruckes durch folgende Gleichung bestimmt ist:

$$\Delta p_r = \Delta \zeta_{(m+1)} \cdot E \cdot \frac{1-Q_{Ap}^2}{2} . \qquad (48)$$

Die Änderung des radialen Innendruckes hängt von der Haftmaßtoleranz ab.

Bei einem n-teiligen Blockaufnehmer treten n-1 Haftmaßtoleranzen auf. Die zugehörigen Radialdruckänderungen werden nach Gl. (48) berechnet und geben als Summe die gesamte Änderung des zulässigen Radialdruckes infolge aller Haftmaßabweichungen in den Fugen an.

5 Berücksichtigung von Wärmespannungen

Bei der Berechnung unter 4 wurden die Temperaturen im Blockaufnehmer nicht berücksichtigt. Sie haben einen Einfluß auf die Werkstoff-Kennzahlen, wie Streckgrenze, Elastizitätsmodul, Wärmeausdehnungs- und Wärmeleitzahl. Zudem entstehen aus einem Temperaturunterschied zwischen Innen- und Außenfläche Wärmespannungen.

Die Temperatur ist vom Ort und von der Zeit abhängig, da sie sich durch das Wandern des Blockes und durch die Aufheizung vom Preßgut her dauernd ändert. Auf der Matrizenseite wird das Werkzeug heißer als am stempelseitigen Ende, da dort die Bohrungswand des Blockaufnehmers mit dem Preßgut länger in Berührung bleibt. Der Temperaturverlauf, der zudem von der Art der Heizung, Induktions- oder Widerstandserwärmung, den Abmessungen des Blockaufnehmers und den Preßwerkstoffen abhängt, ist nicht genügend bekannt. Es sind verschiedene Temperaturverläufe [19] denkbar, für die versucht werden soll, den Einfluß der Temperatur auf die Belastbarkeit des Werkzeuges anzugeben.

Zur Vereinfachung der Rechnung soll der Unterschied der Temperaturen in axialer Richtung, der bei Metallen ohnehin klein ist, vernachlässigt werden. Auf die Wärmespannungen während der Vorwärmung des Werkzeuges kommt es nicht an, da es während der Vorwärmzeit nicht durch Innendruck belastet wird. Werden nach dem Anheizen die ersten Blöcke gepreßt, so erwärmt sich das Werkzeug zusätzlich und kühlt bis zum Einsetzen des nächsten Bolzens wieder ab; die Temperatur pendelt im laufenden Betrieb von Pressung zu Pressung um einen Mittelwert. Da die Zeiten der Abkühlung im Leerlauf und der Aufheizung beim Pressen nicht erheblich sind, wird angenommen, daß die Temperatur nicht wesentlich vom Mittelwert abweicht [19]. Wir können daher aus der nichtstationären Temperaturverteilung zwei annähernd stationäre Fälle herausgreifen:

1. Zustand während des Pressens des ersten Blockes nach dem Anheizen;
2. der dauernde Zustand mit einer mittleren Temperaturverteilung nach einer Reihe von Pressungen.

Während jedes dieser beiden Zeitabschnitte hängt die Temperatur im Blockaufnehmer nur noch von der radialen Lage des beobachteten Punktes ab.

51 Beanspruchung infolge von Wärmespannungen

Die Berechnung der Wärmespannungen vereinfachen wir, indem wir von der Temperaturabhängigkeit der Stoffwerte absehen, da sonst das Superpositionsgesetz für Spannungen und Dehnungen nicht gilt. Bei ungleicher Temperatur in verschiedenen Preßpassungsringen eines Blockaufnehmers erzeugen nämlich bei verschiedenem Elastizitätsverhalten der Bauteile gleiche Dehnungen ungleiche Spannungen. Als Streckgrenze setzen wir den Wert an der heißesten Stelle, da diese meist am hochbeanspruchten Innenrand liegt. Für den Elastizitätsmodul (Abb. 70) wird die durch Messung bestimmte mittlere Temperatur des gesamten Werkzeuges angenommen. Diese Annahme bietet die größte Sicherheit, da weniger weiche Außenteile und auch steifere Innenteile die Fugenpressungen erhöhen. Für die gleiche mittlere Temperatur wird auch die Wärmeausdehnungszahl α entnommen [56], [58]. Mit diesen Annahmen wird der mehrteilige Preßpassungsverband als ein einfaches dickwandiges Rohr aufgefaßt, da die Gültigkeit des Superpositionsgesetzes vorausgesetzt werden darf.

Für die Dehnungen und Spannungen gelten die Grundgleichungen (1) und (2) für elastisches Verhalten der Werkstoffe, aber es kommt noch die Wärmeausdehnung

$$\varepsilon_\vartheta = \alpha \cdot \vartheta(r)$$

hinzu, so daß die Gesamtdehnung folgende Form erhält [55]:

$$\varepsilon_r = \frac{\partial e}{\partial r} = \frac{1}{E}\left(\sigma_r - \frac{1}{m}\sigma_t\right) + \alpha \cdot \vartheta(r)$$

$$\varepsilon_t = \frac{e}{r} = \frac{1}{E}\left(\sigma_t - \frac{1}{m}\sigma_r\right) + \alpha \cdot \vartheta(r) \; . \qquad (49)$$

Mit der Gleichgewichtsbedingung (1) erhalten wir für die Radialverschiebung die inhomogene Differentialgleichung zweiter Ordnung:

$$\frac{\partial^2 e}{\partial r^2} + \frac{\partial \frac{e}{r}}{\partial r} = \frac{m+1}{m} \cdot \alpha \cdot \frac{\partial \vartheta}{\partial r} \qquad (50)$$

die durch einfache Integration um eine Ordnung erniedrigt werden kann. Der Lösungsansatz

$$e(r) = \frac{1}{r} \cdot C(r)$$

führt zur allgemeinen Lösung

$$e = \frac{m+1}{m} \cdot \alpha \cdot \frac{1}{r} \cdot \int_{r_i}^{r} r\,\vartheta\,dr + r \cdot C_1 + \frac{1}{r} \cdot C_2 \; .$$

Die Radialverschiebung e wird in Gl. (49) eingesetzt, die nach den Spannungen aufgelöst wird:

$$\sigma_r = A - \frac{B}{r^2} - E \cdot \alpha \cdot \frac{1}{r^2} \cdot \int_{r_i}^{r} r\,\vartheta\,dr$$

$$\sigma_t = A + \frac{B}{r^2} + E \cdot \alpha \cdot \frac{1}{r^2} \cdot \int_{r_i}^{r} r\,\vartheta\,dr - E \cdot \alpha \cdot \vartheta \; . \qquad (51)$$

Hierin bedeuten A und B Integrationskonstanten. An den freien Innen- und Außenrändern ist die Radialspannung $\sigma_r = 0$, so daß zur Bestimmung der Konstanten A und B in Gl. (51) folgende Randbedingungen gegeben sind:

$$r = r_i \quad \sigma_r = 0 \quad \text{und} \quad r = r_a \quad \sigma_r = 0 \; . \qquad (52)$$

Wir erhalten die Konstanten zu:

$$A = \frac{E\alpha}{r_i^2} \cdot \frac{Q^2}{1-Q^2} \int_{r_i}^{r_a} r\,\vartheta \cdot dr$$

$$B = E \cdot \alpha \cdot \frac{Q^2}{1-Q^2} \cdot \int_{r_i}^{r_a} r\,\vartheta \cdot dr$$

Mit ihnen erhalten wir die Gleichungen für die Radial- und Tangentialspannungen:

$$\sigma_r = \frac{E\cdot\alpha}{r^2} \cdot \left\{ \frac{Q^2}{1-Q^2} \left[\frac{r^2}{r_i^2} - 1 \right] \cdot \int_{r_i}^{r_a} r\,\vartheta\,dr - \int_{r_i}^{r} r\,\vartheta\,dr \right\}$$

$$\sigma_t = \frac{E\cdot\alpha}{r^2} \left\{ \frac{Q^2}{1-Q^2} \left[\frac{r^2}{r_i^2} + 1 \right] \cdot \int_{r_i}^{r_a} r\,\vartheta\,dr + \int_{r_i}^{r} r\,\vartheta\,dr - r^2\vartheta \right\} . \qquad (53)$$

Die Spannungen sind in erster Linie vom Temperaturverlauf im Werkzeug bzw. vom Integral über $r \cdot \vartheta(r)$ abhängig. Die Differenz der Hauptspannungen (53), die wir gleich S_ϑ setzen, gibt die Beanspruchung des Werkzeuges an:

$$S_\vartheta = (\sigma_t - \sigma_r)_\vartheta = 2 \cdot \frac{E\cdot\alpha}{r^2} \cdot \left\{ \frac{Q^2}{1-Q^2} \cdot \int_{r_i}^{r_a} r\,\vartheta\,dr + \int_{r_i}^{r} r\,\vartheta\,dr - \frac{1}{2} r^2 \vartheta \right\} . \qquad (54)$$

Die Wärmebeanspruchung überlagert sich der durch den radialen Innendruck entstehenden Belastung. Je nach Art des Temperaturverlaufes wird die Beanspruchung nach Gl. (54) die mechanische Beanspruchung erhöhen ($\vartheta_i < \vartheta_a$) oder vermindern ($\vartheta_a < \vartheta_i$), da auf der wärmeren Seite tangentiale Druckspannungen und auf der kälteren Seite tangentiale Zugspannungen entstehen.

Die größte durch ein Temperaturgefälle hervorgerufene Hauptspannungsdifferenz Gl. (54) tritt am Innenrand des Rohres auf [34], so daß die Stellen größter mechanischer und thermischer Beanspruchung zusammenfallen.

52 Auswirkung auf die Ausnutzung des Werkzeug-Stoffes

Um eine gleichmäßige Verteilung der Beanspruchung auf die einzelnen Bauteile und damit die beste Ausnutzung der Warmarbeitsstähle zu erreichen, müssen in der Berechnung eines Blockaufnehmers von vornherein die Wärmespannungen berücksichtigt werden. Die Beanspruchung am Innenrand eines dickwandigen einfachen Rohres setzt sich aus der thermischen und mechanischen Beanspruchung zusammen:

$$S = (\sigma_t - \sigma_r)_p + (\sigma_t - \sigma_r)_\vartheta \leq \sigma_s \tag{55}$$

wobei der Index p den mechanischen und der Index ϑ den thermischen Anteil angibt. Mit Gl. (8) wird die Hauptspannungsdifferenz am Innenrand zu

$$S_i = p_{r1} \frac{2}{1 - Q_1^2} + S_{\vartheta 1i} \leq \sigma_{s1} \quad . \tag{56}$$

Das Belastungsverhältnis für einen Ring erhält dann folgende Form:

$$\frac{p_{r1}}{\sigma_{s1}} = \frac{1 - Q_1^2}{2} \left[1 - \frac{S_{\vartheta 1i}}{\sigma_{s1}} \right] \tag{57}$$

oder wenn wir den Ausdruck für die Wärmebeanspruchung mit s_k bezeichnen:

$$s_1 = 1 - \frac{S_{\vartheta 1i}}{\sigma_{s1}} \tag{58}$$

wird das Belastungsverhältnis

$$\frac{p_{r1}}{\sigma_{s1}} = \frac{1 - Q_1^2}{2} \cdot s_1 \quad . \tag{59}$$

Die Bestimmung der Teilinnendrücke erfolgt wie unter 4. Die Vorspannung am Innenrand der Innenbüchse ist infolge einer Fugenpressung p'_{Fk} gleich dem Betrag der Beanspruchung unter einem Teilinnendruck p_{rk}. Die Gesamtbelastbarkeit wird demnach

$$\frac{p_r}{\sigma_{s1}} \leqq \frac{1-Q_1^2}{2} \left[1 - \frac{S_{\vartheta 1i}}{\sigma_{s1}} \right] + \frac{1-Q_2^2}{2x_{12}} \left[1 - x_{12} \frac{S_{\vartheta 2i}}{\sigma_{s1}} \right] + \dots + \frac{1-Q_n^2}{2x_{1n}} \left[1 - x_{1n} \cdot \frac{S_{\vartheta ni}}{\sigma_{s1}} \right]$$

oder (60)

$$\frac{p_r}{\sigma_{s1} \cdot s_1} \leqq \frac{1 - Q_1^2}{2} + \frac{1 - Q_2^2}{2x_{12}} \cdot \frac{s_2}{s_1} + \dots + \frac{1 - Q_n^2}{2x_{1n}} \cdot \frac{s_n}{s_1} \quad .$$

Diese Beziehung (60) bedeutet, daß im Falle von Wärmespannungen die mechanische Belastbarkeit (Gl. (22)) um einen thermischen Anteil zu verringern ist.

Gleichung (60) stimmt mit der Formel für die Belastung eines n-teiligen Preßpassungsverbandes (Gl. (22)) in der Form überein. Die Wärmebeanspruchung wirkt sich in dem Ausdruck $\sigma_{s1} \cdot s_1$ nur als eine scheinbare Veränderung der durch die Streckgrenze gesetzten Schranke aus.

Der thermische Anteil beträgt nach Gl. (54)

$$x_{1k} \cdot \frac{S_{\vartheta ki}}{\sigma_{s1}} = 2 \, \frac{E \cdot \alpha}{\sigma_{sk} \cdot r_{ki}^2} \left\{ \frac{Q^2}{1-Q^2} \int_{r_{1i}}^{r_{na}} r \, \vartheta \, dr + \int_{r_{1i}}^{r} r \, \vartheta \, dr - \frac{1}{2} r^2 \vartheta \right\} \quad (61)$$

Die erforderliche Fugenpressung zwischen einem beliebig verstärktem Innen- und Außenring wird wie unter 43 bestimmt.

Die Verstärkungsfaktoren V_I und V_A erhalten unter Hinzunahme der Wärmebeanspruchung folgende Form:

$$V_J = \frac{(1-Q_1^2)\, s_1 + \frac{1-Q_2^2}{x_{12}} \cdot s_2 + \ldots + \frac{1-Q_m^2}{x_{1m}} \cdot s_m}{(1-Q_{Jp}^2) \cdot s_J}$$

$$V_A = \frac{\frac{1-Q_{m+1}^2}{x_{1(m+1)}} \cdot s_{m+1} + \ldots + \frac{1-Q_n^2}{x_{1n}} \cdot s_n}{\frac{1-Q_{Ap}^2}{x_{1(m+1)}} \cdot s_A} \quad (62)$$

Die Beanspruchung am Innenrand des m-teiligen Außenverbandes darf nun das V_A-fache der Streckgrenze des (m + 1)-ten Teiles nicht überschreiten.

$$\sigma_{s(m+1)} \cdot V_A \leqq p_r \cdot \frac{2 Q_{Jp}^2}{1-Q^2} + p_{F(m+1)} \cdot \frac{2}{1-Q_{Ap}^2} + S_{\vartheta Api} \quad (63)$$

Die Hauptspannungsdifferenz am Innenrand des Innenteiles erhalten wir zu

$$\sigma_{s1} \cdot V_J \leqq p_r \cdot \frac{2}{1-Q^2} - p_{F(m+1)} \cdot \frac{2}{1-Q_{Jp}^2} + S_{\vartheta Jpi} \quad (64)$$

Zur mechanischen Beanspruchung durch den Innendruck und die Fugenpressung kommt die thermische Hauptspannungsdifferenz $S_{\vartheta Api}$ und $S_{\vartheta Jpi}$ am Innenrand des jeweiligen Preßverbandes hinzu.

Die mit Q_{Ip}^2 multiplizierte Gl. (64) wird von Gl. (63) abgezogen und nach der Fugenpressung aufgelöst:

$$p_{F(m+1)} = \sigma_{s1} \cdot V_J \, s_J \, \frac{\left(1-Q_{Jp}^2\right)\left(1-Q_{Ap}^2\right)\left(1 - x \cdot \frac{s_J}{s_A} \cdot Q_{Jp}^2\right)}{2x \cdot \frac{s_J}{s_A} \cdot (1-Q^2)} \quad (65)$$

und das bezogene Haftmaß wird dann gemäß Gl. (44)

$$\zeta_{m+1} \cdot \frac{E}{\sigma_{s1} \cdot V_J \cdot s_J} = \frac{s_A}{x \cdot s_J} - Q_{Jp}^2 \tag{66}$$

Die günstigste Aufteilung der Rohrdicken erhalten wir durch partielle Differentiation von Gl. (60):

$$Q_k = \sqrt{x_{1k} \cdot \frac{s_1}{s_k}} \cdot Q_1 = \sqrt{x_{1k} \cdot \frac{s_1}{s_k}} \cdot \sqrt[n]{\frac{Q}{\sqrt{x_{12} \cdot \frac{s_1}{s_2} \cdot x_{13} \cdot \frac{s_1}{s_3} \cdot \ldots \cdot x_{1n} \cdot \frac{s_1}{s_n}}}} \; . \tag{67}$$

Alle für die Bemessung eines Blockaufnehmers wichtigen Gleichungen enthalten demnach die thermischen Beanspruchungen. Herrscht im gesamten Preßverband die gleiche Temperatur, wird s = 1 und die Gleichungen gehen in die Formeln für Preßpassungen ohne Wärmespannungen über.

Bei einem Temperaturgefälle von innen nach außen (Abb. 66) entstehen in den Innenzonen des Werkzeuges Druckspannungen, so daß vor der Erwärmung eine geringere Fugenpressung als ohne Wärmespannungen vorgesehen werden muß; sonst kann die Druckbeanspruchung in Betriebspausen im Innenrohr und die Betriebsspannungen im Außenrohr zu groß werden, was aus der Gl. (63) ersichtlich ist. Den Beispielen in Abbildung 65 und 66 liegt ein von HILLER [19] gemessener Temperaturverlauf zugrunde, wie er etwa beim Pressen von Schwer- und Leichtmetallen auftreten kann. Diese Temperaturverläufe sind durch Geraden angenähert, um die Auswertung der Integrale in Gl. (61) zu erleichtern. Für die Abbildung 66 wird eine erforderliche Fugenpressung von 15,9 kp/mm^2 gegenüber 23,2 kp/mm^2 ohne Wärmespannungen errechnet, während ein zulässiger Radialdruck von 93,7 kp/mm^2 gegenüber 75,6 kp/mm^2 auftreten darf.

Wenn die Temperatur von außen nach innen abfällt (Abb. 65), so entsteht am Innenrand eine zusätzliche Verringerung der Druckspannung der Innenbüchse. Um die Belastung gleichmäßig auf alle Preßpassungsringe zu verteilen, ist eine höhere Fugenpressung (p_{F2} = 25,6 kp/mm^2) bei dem zugrundegelegten Temperaturverlauf notwendig. Der zulässige radiale Innendruck von 74,1 kp/mm^2 sinkt nur wenig gegenüber demjenigen bei gleicher Temperatur von 75,6 [kp/mm^2] ab.

Vergleichsweise zeigen die Abbildungen 67 und 68 die Spannungsverteilung in einem zweiteiligen Preßpassungsverband, dessen Fugenpressung ohne Wärmespannungen berechnet wurde. Die Temperaturverläufe sind die gleichen wie in Abbildung 65 und 66. In beiden Fällen wird die Belastbarkeit verringert. Bei einem Temperaturgefälle von innen nach außen wird bei einer zulässigen Höchstlast von $p_r = 40{,}9 \ kp/mm^2$ nicht einmal die Vorspannung der Innenbüchse voll abgebaut und das Außenteil doch schon bis zur Streckgrenze beansprucht. Auch bei umgekehrtem Temperaturverlauf (Abb. 67) wird der eingesetzte Werkstoff nicht ausgenutzt, da die erhöhte Zugbeanspruchung am Innenrand der Innenbüchse ihr zulässiges Maß schon vor dem Außenteil erreicht.

53 Veränderung der Fugenpressung infolge von Wärmespannungen

Durch ein Temperaturgefälle wird die Pressung in der Fuge verändert. Beanspruchungsmäßig ist diese Änderung, die wir als thermische Fugenpressung q bezeichnen, in der Rechnung durch Überlagerung des mechanischen und thermischen Spannungszustandes bereits enthalten. Die Größe der thermischen Fugenpressung ist hinsichtlich des Lösens von Preßpassungen wichtig; sie soll daher im folgenden berechnet werden.

Je nach Temperaturgefälle tritt die thermische Fugenpressung, als Zug- oder Druckspannung auf, die sich der mechanischen Fugenpressung überlagert. Eine Zugspannung kann in radialer Richtung in der Fuge übertragen werden, solange die Bauteile kraftschlüssig verbunden sind und eine vorhandene mechanische Fugenpressung abgebaut werden kann.

Die thermische Fugenpressung erhalten wir aus Gl. (53) für die Radialspannung in der Fuge:

$$(\sigma_r)_{r_{F(m+1)}} = q = E\alpha \cdot \left\{ \frac{1-Q_1^2}{1-Q^2} \cdot \frac{1}{r_{na}^2} \cdot \int_{r_{1i}}^{r_{na}} r\vartheta\, dr - \frac{1}{r_{F(m+1)}^2} \cdot \int_{r_{1i}}^{r_{F(m+1)}} r\vartheta\, dr \right\} \tag{68}$$

und die resultierende Fugenpressung beträgt:

$$p = p_{F(m+1)} - q \quad . \tag{69}$$

Bei einem bestimmten Temperaturgefälle von außen nach innen verschwindet die resultierende Fugenpressung, so daß der Preßpassungsverband gelöst werden kann.

Hingegen wird die thermische Fugenpressung q in Gl. (69) negativ, wenn ein Temperaturgefälle von innen nach außen vorliegt. Die resultierende Fugenpressung wird dann erhöht, so daß die Innenbüchse stärker vorgespannt wird.

Im Grenzfall, wenn von vornherein keine mechanische Fugenpressung erzeugt wird, könnte demnach die thermische Fugenpressung die Vorspannung der Innenbüchse übernehmen, sofern eine entsprechende Temperaturverteilung erzeugt werden kann. In diesem Fall könnte der Blockaufnehmer einteilig ausgeführt werden. In Abbildung 69 ist die Spannungsverteilung für das Beispiel eines einteiligen Blockaufnehmers mit einem Durchmesserverhältnis $Q = 0{,}16$ dargestellt. Bei der Umformung von NE-Schwermetallen werde der Aufnehmer beispielsweise von innen heraus durch das Preßgut aufgeheizt, außen sei eine Kühlung vorgesehen, so daß ungefähr eine logarithmische Temperaturverteilung entsteht [48]. Die Temperatur an den Rändern sei vorgeschrieben und betrage innen 620°C und außen 210°C. Die Streckgrenze bei 620°C sei die gleiche wie die des Mantels in Abbildung 66 $\sigma_{s1} = 80$ kp/mm^2.

In den warmen Innenzonen entstehen ähnlich wie in der üblich vorgespannten Innenbüchse Druckspannungen, die durch den Betriebsdruck erst abgebaut werden. Der zulässige radiale Innendruck beträgt $p_r = 76{,}5$ kp/mm^2 und liegt damit wenig über der Belastbarkeit des zweiteiligen Preßpassungsverbandes in Abbildung 66.

Der Verlauf der radialen und tangentialen Spannungen ist dem bei einem zweiteiligen Preßpassungsverband ähnlich. Die tangentialen Wärmespannungen sind über die ganze Rohrwand stetig, während die tangentialen Spannungen in einer Preßpassung an der Fuge ihr Vorzeichen wechseln.

Die Betrachtung der Wärmespannungen hat gezeigt, daß sie einen erheblichen Einfluß auf die Belastbarkeit eines Blockaufnehmers haben können.

Die für den kalten Zustand berechnete Fugenpressung (Gl. (40)) muß von vornherein so auf die mechanische und thermische Beanspruchung abgestimmt werden, daß die Betriebsspannungen gleichmäßig auf die einzelnen Preßpassungsringe verteilt werden. Damit kann eine Verringerung der Belastbarkeit vermieden oder sogar ein Gewinn an Tragfähigkeit erreicht werden.

6 Zusammenfassung

Die Beanspruchung in Blockaufnehmern von Strangpressen war bisher einer Rechnung nicht zugänglich, weil die radial auf die Innenwand wirkenden Umformdrücke nicht bekannt waren. Außerdem mangelte es an der Kenntnis des Einflusses der Schwächung des Blockaufnehmer-Mantels infolge der achsparallelen Heizbohrungen sowie der Einbeziehung der Wärmespannungen in die Berechnung.

Die hier gestellte Aufgabe zerfiel demzufolge in einen versuchstechnischen Teil und in einen Berechnungsteil.

Versuche an Blockaufnehmern

Zwei Blockaufnehmer für eine hydraulische 250-Mp-Presse und ein Aufnehmer für eine 1500-Mp-Strangpresse wurden mit bekanntem Haftmaß gefügt und die elastischen Verschiebungen am Innen- und am Außendurchmesser infolge der Fugenpressung gemessen. Die aus dem Haftmaß und den elastischen Verschiebungen berechneten Werte für die Fugenpressung stimmten so gut überein, daß eine zuverlässige Methode gefunden war, die Fugenpressungen durch Messung und Rechnung zu bestimmen. Darüber hinaus kann mit ihr festgestellt werden, wie weit das ausgeführte Haftmaß beim Fügen wirksam geworden ist. Ein Einfluß der Heizbohrungen konnte nicht festgestellt werden.

In den Blockaufnehmern, die - wie heute üblich - mit einer elektrischen Heizung ausgerüstet sind, fehlt in den achsparallelen Heizbohrungen tragender Stoff. Die Untersuchung dieser Schwächung wurde an Modell-Ringen durchgeführt.

Spannungsoptische Versuche zeigten, daß die Heizbohrungen einen Steifigkeitsverlust des Preßpassungsringes verursachten, wodurch sich in einer eingepreßten Büchse eine kleinere Druckvorspannung als berechnet einstellt. Die Fugenpressung hat längs der Fuge im Umfangsrichtung etwa einen sinusförmigen Verlauf. Dadurch tritt ein guter Ausgleich ein, so daß die Innenbüchse zwar geringer, aber gleichmäßig vorgespannt wird. Im Aufnehmerteil mit den Heizbohrungen befinden sich zwei höher beanspruchte Stellen. Die Hauptspannungsdifferenz an diesen Stellen wurde zu der im ungestörten Bereich in Beziehung gesetzt und Formzahlen α_F und α_B gebildet und dabei den durch Heizbohrungen geschwächten Preßpassungsring als einen gekrümmten Kerbstab angesehen. Die Schwächung eines Bauteiles wird in der Berechnung berücksichtigt, wenn für den entsprechenden Preßpassungsring die $1/\alpha_F$- oder $1/\alpha_B$-fache Streckgrenze eingesetzt wird.

In Versuchsaufnehmern für eine hydraulische 250-Mp-Presse wurden die radialen Umformdrücke, die für die Berechnung von Blockaufnehmern erforderlich sind, und gleichzeitig auch die vom Stempel eingeleiteten und die auf der Matrize wirksamen Drücke gemessen. (Diese Aufgabe wurde durch die hohen Innendrücke bis 9200 at bei Temperaturen bis 450°C erschwert.)

Die Versuchsaufnehmer wurden selbst als Meßgeber benutzt. Sie wurden hierzu mit Dehnmeßstreifen für hohe Temperaturen bestückt. Diese bewährten sich, nachdem sorgfältig darauf geachtet worden war, daß sich der Eigenspannungszustand des Aufnehmers während der Messung nicht änderte. Mit den Dehnmeßstreifen gelang es erstmalig, auch ruhende Lasten bei hohen Temperaturen zuverlässig zu messen.

Die Eichung der Meßgeber auf radialen Innendruck wurde mit Blei als Druckmittel durchgeführt, dessen Druckverteilung durch Vergleichsversuche mit gallertartigem Mipolam als Druckmittel überprüft wurde. Infolge des nahezu hydraulischen Verhaltens der Druckmittel konnte über die Messung der axial eingeleiteten Kräfte eine Zuordnung der radial wirkenden Innendrücke zu der mit Dehnmeßstreifen gemessenen tangentialen Dehnung auf dem Aufnehmer-Mantel gefunden werden.

Strangpreßversuche wurden mit Reinaluminium 99,5 und in Stichversuchen auch mit Pantal AlMgSi, mit Messing 58, Kupfer und Stahl Ck 15 durchgeführt.

Die Messung der Umformdrücke hat folgende Auskünfte erbracht:

Der auf die Innenwand des Aufnehmers wirkende Radialdruck p_r und der vom Stempel aufgebrachte Axialdruck p_a können als Summe von dem an der Matrize auftretenden Druck p_{mo} und von einem reibungsabhängigen Teil ausgedrückt werden:

$$p_a = p_{mo} + k_{Ba} \left[\frac{h}{D_o} - \frac{1}{2} \right] \qquad (10)$$

$$p_r = p_{mo} + k_{Br} \left[\frac{h}{D_o} - \frac{1}{2} \right] \quad . \qquad (11)$$

Der Matrizendruck p_{mo} ist bei kreisrunden Querschnitten eine logarithmische Funktion des Querschnittsverhältnisses:

$$p_{mo} = p_m \cdot \frac{F_o - F_1}{F_o} = C \cdot \frac{F_o - F_1}{F_o} \cdot \ln \frac{F_o}{F_1} \quad . \qquad (9)$$

Bei nicht kreisförmigen Profilen wurde der Matrizendruck über einen Formfaktor f mit dem Druck für kreisrunde Querschnitte in Beziehung gebracht.

Die Abhängigkeit des Matrizendruckes von der Temperatur kommt in der Konstanten C zum Ausdruck, die für Al 99,5 gemessen wurde.

Die Reibwiderstände werden durch die Faktoren k_{Ba} und k_{Br} berücksichtigt. Ihre Abhängigkeit von der Belastungslänge wird in dem durch Versuche gefundenen Ausdruck $(h/D_o - 0{,}5)$ wiedergegeben. Die Faktoren sind von der Profilform und -größe unabhängig. Ebenfalls wurde ein Einfluß der Geschwindigkeit nicht festgestellt.

Die bisher übliche Annahme, daß der Radialdruck rd. 70 % des Stempeldruckes beträgt [38], ist unzulässig, da das Verhältnis Radialdruck zu Stempeldruck in hohem Maße von der Temperatur, dem Querschnittsverhältnis, der Profilform und der Blocklänge beeinflußt wird und nicht unbeträchtlich abweichen kann.

In einem Versuchsblockaufnehmer wurde die Temperaturverteilung während des Anheizens und beim Strangpressen einiger Blöcke gemessen. Die Temperaturverteilung änderte sich nach einer vielstündigen Anheizzeit beim Strangpressen kaum.

<u>Berechnung der Preßpassungen</u>

a) ohne Temperaturgefälle

Die Preßpassungen, die aus beliebig vielen Ringen aufgebaut sind, wurden mit Hilfe der Mohr'schen Schubspannungstheorie für das elastische Verhalten der Werkstoffe berechnet.

Auf Grund der Tatsache, daß sich die Hauptspannungsdifferenzen durch gleiche Außen- und Innendrücke am Innenrand eines Hohlteiles gerade ausgleichen, ergab sich für die Belastbarkeit durch radialen Innendruck eines n-teiligen Preßpassungsverbandes eine einfache Beziehung:

$$\frac{p_r}{\sigma_{s1}} \leqq \frac{1-Q_1^2}{2} + \frac{1-Q_2^2}{2x_{12}} + \ldots + \frac{1-Q_n^2}{2x_{1n}} \qquad (22)$$

worin $x_{1n} = \sigma_{s1}/\sigma_{sn}$ ist.

Die Gesamtbelastbarkeit setzt sich aus den zulässigen Belastungen der einzelnen Bauteile zusammen, die durch Abmessungen und Streckgrenzen bestimmt sind.

Auch bei mehr als zweiteiligen Preßpassungen gibt es eine günstigste Aufteilung der einzelnen Preßpassungsrohre.

Für das günstigste Durchmesserverhältnis eines Rohres wurde folgende Bedingung gefunden:

$$Q_k = \sqrt{x_{1k}} \cdot Q_1 = \sqrt{x_{1k}} \cdot \sqrt[n]{\frac{Q}{\sqrt{x_{12} \cdot x_{13} \cdot \ldots \cdot x_{1n}}}} \quad . \qquad (28)$$

Die zur Vorspannung des jeweiligen Innenteiles erforderliche Fugenpressung ergibt sich allgemein zu:

$$\frac{p_{F(m+1)}}{\sigma_{s1} \cdot V_J} = \frac{(1 - Q_{Jp}^2)(1 - Q_{Ap}^2)(1 - x Q_{Jp}^2)}{2x(1 - Q^2)} \quad . \tag{40}$$

Diese Formel berücksichtigt bereits, daß die zur Erzeugung der Fugenpressung p_{Fm+1} zusammengefügten Bauteile selbst Preßpassungen sein können. Das Festigkeitsverhältnis

$$x = \frac{\sigma_{s1}}{\sigma_{s(m+1)}} \cdot \frac{V_J}{V_A}$$

enthält die Streckgrenzen und die Verstärkung, die die Bauteile durch Aufteilen in zusammengepreßte Teile gegebenenfalls schon erfahren haben.

Die Verstärkungsfaktoren V geben das Verhältnis der zulässigen Radialdrücke des Innen- oder des Außenverbandes zu dem des einfachen Rohres mit dem gleichen Durchmesserverhältnis an.

Grundsätzlich kann zur Berechnung der Beanspruchung in Preßpassungen bemerkt werden, daß bei mehr als zweiteiligen Ringverbänden jede gefügte Zwischenpreßpassung so berechnet sein muß, als ob sie für sich höchsten Innendrücken standzuhalten hat. Damit wird eine wirtschaftliche Ausnutzung des eingesetzten Werkzeugstoffes gewährleistet.

Wie schon von der einfachen Preßpassung bekannt, wird die Druckvorspannung durch die Quetschgrenze der Innenzonen beschränkt, wenn kein Radialdruck den Innenrand belastet. Auch bei einem Werkzeug, das aus beliebig vielen Preßpassungsringen besteht, ist die Belastungsgrenze gerade doppelt so hoch wie bei einem einteiligen Ring-Werkzeug.

Bezüglich der Toleranzen muß der Zusammenhang zwischen Haftmaßabweichung und Änderung des zulässigen Radialdruckes beachtet werden:

$$\Delta p_r = \Delta \zeta \cdot E \cdot \frac{1 - Q_{Ap}^2}{2} \quad . \tag{48}$$

Da je nach Abweichung des Haftmaßes nach oben oder nach unten das Außen- oder das Innenteil bei gleichem höchstzulässigem Radialdruck überbeansprucht wird, muß ein mittleres Haftmaß mit oberer und unterer Schranke angegeben werden.

b) mit Temperaturgefälle

Es wurde gezeigt, daß die Warmstreckgrenze des Werkzeugstahles zur Berücksichtigung eines Temperaturgefälles im Blockaufnehmer nicht ausreicht, da zusätzlich Wärmespannungen auftreten. Diese werden durch ihre Hauptspannungsdifferenz $S_{\vartheta ki}$ in folgendem Faktor wiedergegeben:

$$S_k = 1 - \frac{S_{\vartheta ki}}{\sigma_{sk}} \; . \qquad (58)$$

Damit erhält die Belastbarkeit folgende Form:

$$\frac{p_r}{\sigma_{s1} \; s_1} \leqq \frac{1-Q_1^2}{2} + \frac{1-Q_2^2}{2x_{12}} \cdot \frac{s_2}{s_1} + \ldots + \frac{1-Q_n^2}{2x_{1n}} \cdot \frac{s_n}{s_1} \; . \qquad (60)$$

An Hand von Beispielen über mögliche Temperaturverläufe in Blockaufnehmern wurde nachgewiesen, daß im Falle eines Temperaturgefälles von innen nach außen eine Erhöhung der Belastbarkeit durch Ausnutzung der Wärmedruckspannungen ($s_k > 1$) möglich ist.

Prof. Dr.-Ing. Dr.-Ing. E.h. Otto Kienzle

Dr.-Ing. Klaus Grüning

Übersicht der benutzten Formelzeichen

Abkürzung	Bezeichnung	Dimension
e	radiale Verschiebung	[μm]
e_{Aa}	radiale Verschiebung am Außenteil außen	[μm]
e_{Ai}	radiale Verschiebung am Außenteil innen	[μm]
e_{Ia}	radiale Verschiebung am Innenteil außen	[μm]
e_{Ii}	radiale Verschiebung am Innenteil innen	[μm]
f	Formfaktor	[-]
h	Belastungslänge	[mm]
h_o	Blockeinsatzlänge	[mm]
k	Index: laufende Bauteil-Kennziffer	[-]
k_{Ba}	Blockaufnehmerwiderstand in axialer Richtung	[kp/mm^2]
k_{Br}	Blockaufnehmerwiderstand in radialer Richtung	[kp/mm^2]
m	Poisson'sche Zahl	[-]
m	Index: Anzahl der Bauteile eines Innenpreßverbandes	[-]
n	Index: Anzahl der Bauteile eines Preßpassungsverbandes	[-]
p	Pressung in der Fuge	[kp/mm^2]
p_a	auf den Block-Querschnitt bezogene Stempelkraft P	[kp/mm^2]
p_F	Fugenpressung	[kp/mm^2]
p_{Fk}	Fugenpressung zwischen dem k-ten und dem (k-1)-ten Bauteil	[kp/mm^2]
p'_{Fk}	zusätzliche Außenspannung	[kp/mm^2]
p_m	auf die Matrizenfläche bezogene Matrizenkraft P_m	[kp/mm^2]
p_{mo}	auf den Block-Querschnitt bezogene Matrizenkraft P_m	[kp/mm^2]

Abkürzung	Bezeichnung	Dimension
p_r	radialer Innendruck	$[kp/mm^2]$
p_{rk}	radialer Teilinnendruck des k-ten Bauteiles	$[kp/mm^2]$
q	thermische Fugenpressung	$[kp/mm^2]$
r	Radius	[mm]
s	Wanddicke eines Bauteiles	[mm]
s_A	thermischer Beanspruchungsfaktor am Innenrand des Außenverbandes	[-]
s_I	thermischer Beanspruchungsfaktor am Innenrand des Innenverbandes	[-]
s_k	thermischer Beanspruchungsfaktor am Innenrand des k-ten Bauteiles	[-]
v_a	Strangaustrittsgeschwindigkeit	[mm/sec]
v_P	Stößelgeschwindigkeit	[mm/sec]
x	Festigkeitsverhältnis = $x_{1k} V_I / V_A$	[-]
x_{1k}	Streckgrenzenverhältnis = $\sigma_{s1} / \sigma_{sk}$	[-]
$x_{(k-1)k}$	Streckgrenzenverhältnis = σ_{k-1} / σ_k	[-]
C	Steigungsfaktor	$[kp/mm^2]$
D	Durchmesser	[mm]
D_o	Blockdurchmesser im gestauchten Zustand	[mm]
D_{Aa}	Außendurchmesser des Außenteiles	[mm]
D_{Ai}	Innendurchmesser des Außenteiles	[mm]
D_B	Heizbohrungs-Durchmesser	[mm]
D_F	Fugendurchmesser	[mm]
D_{Fk}	Fugen- und Innendurchmesser des k-ten Bauteiles	[mm]
D_H	Lochkreis-Durchmesser der Heizbohrungen	[mm]
D_{Hm}	mittlerer Lochkreis-Durchmesser	[mm]
D_{Ii}	Innendurchmesser des Innenteiles	[mm]

Abkürzung	Bezeichnung	Dimension
D_{Ia}	Außendurchmesser des Innenteiles	[mm]
D_{ka}	Außendurchmesser des k-ten Bauteiles	[mm]
D_{ki}	Innendurchmesser des k-ten Bauteiles	[mm]
E	Elastizitäts-Modul	[kp/mm^2]
F_o	Block-Querschnitt im gestauchten Zustand	[mm^2]
F_1	Strang-Querschnitt	[mm^2]
$G_{Ai/Api}$	Glättungsgröße der Innenfläche des Außenteiles/des Außenverbandes	[μm]
$G_{Ia/Ipa}$	Glättungsgröße der Außenfläche des Innenteiles/des Innenverbandes	[μm]
K_A	Hilfsgröße nach DIN 7190	[-]
K_I	Hilfsgröße nach DIN 7190	[-]
L	Fugenlänge	[mm]
P	Stempelkraft	[kp]
P_m	Matrizenkraft	[kp]
Q	Durchmesserverhältnis	[-]
$Q_{A/Ap}$	Durchmesserverhältnis des Außenteiles/des Außenverbandes	[-]
$Q_{I/Ip}$	Durchmesserverhältnis des Innenteiles/des Innenverbandes	[-]
Q_k	Durchmesserverhältnis des k-ten Bauteiles	[-]
Q_{1k}	Durchmesserverhältnis des Verbandes aus 1-k Bauteilen	[-]
R	Reibkraft	[kp]
$R_{Ai/Api}$	Rauheit der Innenfläche des Außenteiles/des Außenverbandes	[μm]
$R_{Ia/Ipa}$	Rauhtiefe der Außenfläche des Innenteiles/des Innenverbandes	[μm]
S	Hauptspannungsdifferenz	[kp/mm^2]
S_B	Hauptspannungsdifferenz an der Heizbohrung	[Ordn.]

Abkürzung	Bezeichnung	Dimension
S_F	Hauptspannungsdifferenz an der Fuge	[Ordn.]
S_{oF}	Hauptspannungsdifferenz an der Fuge	[Ordn.]
S_ϑ	thermische Hauptspannungsdifferenz	[kp/mm^2]
$S_{\vartheta ki}$	thermische Hauptspannungsdifferenz am Innenrand des k-ten Bauteiles	[kp/mm^2]
S_i	Hauptspannungsdifferenz am Innenrand	[kp/mm^2]
U	Übermaß	[µm]
V_A	Verstärkungsfaktor des Außenverbandes	[-]
V_I	Verstärkungsfaktor des Innenverbandes	[-]
Z	Haftmaß	[µm]
α	lineare Wärme-Ausdehnungszahl	[-]
α_B	Verhältnis der Beanspruchungen von Heizbohrung und Fuge	[-]
α_F	Verhältnis der Beanspruchungen an der gestörten und ungestörten Fuge	[-]
ε	Dehnung	[-]
ε_r	radiale Dehnung	[-]
ε_t	tangentiale Dehnung	[-]
ε_ϑ	Wärme-Dehnung	[-]
ζ	bezogenes Haftmaß	[-]
ϑ	Temperatur	[°C]
$\vartheta_{i/a}$	Temperatur am Innen-/Außendurchmesser	[°C]
σ_1, σ_2	Hauptspannungen	[kp/mm^2]
σ_r /F	Radialspannung /an der Fuge	[kp/mm^2]
σ_t /F	Tangentialspannung /an der Fuge	[kp/mm^2]
σ_{max}	maximale Spannung	[kp/mm^2]
σ_o	rechnerische Vergleichsspannung	[kp/mm^2]

Abkürzung	Bezeichnung	Dimension
σ_s	Streckgrenze	$[kp/mm^2]$
σ_{sk}	Streckgrenze des k-ten Bauteiles	$[kp/mm^2]$
σ_{sd}	Druckfließgrenze	$[kp/mm^2]$
τ	Schubspannung	$[kp/mm^2]$
τ_{max}	größte Schubspannung	$[kp/mm^2]$

Literaturverzeichnis

[1] AHRENZ, M. — Die Normung der Strangpreßwerkzeuge
Z Metallkunde 46 (1955) 3, S. 172-179

[2] Aluminium-Taschenbuch
11. Aufl. Düsseldorf 1955

[3] BACH, C. — Elastizität und Festigkeit
Berlin 1924

[4] BECK, G. — Über die Beanspruchung von Schmiedegesenken durch Wärme
Diss. TH Hannover 1957

[5] BÜHLER, H. und W. SCHREIBER — Eigenspannungen in Schrumpfpassungskonstruktionen, insbesondere in Blockaufnehmern von Strangpressen
Z Werkstatt und Betrieb 91 (1958) 2, S. 85-93

[6] DOHRN, W. und H. STAPEL — Hydraulische horizontale Strang- und Rohrpressen
Z Metallkunde 51 (1960) 2, S. 65-72

[7] DOHRN, W. und H. SCHMOLL — Hydraulische horizontale Strangpressen
Z Metallkunde 51 (1960) 1, S. 29-35

[8] DIN 7190 — Berechnung einfacher Preßpassungen

[9] EISBEIN, W. — Kraftbedarf und Fließvorgänge beim Strangpressen
Diss. TH Berlin 1931

[10] FINK, K. und Chr. ROHRBACH — Handbuch der Spannungs- und Dehnungsmessung
Düsseldorf 1958

[11] FÖPPL, L. und E. MÖNCH — Praktische Spannungsoptik
Berlin 1950

[12] FÖPPL, A. Vorlesungen über Technische Mechanik
14. Aufl. Berlin 1944

[13] FRIEDEWALD, H.J. Preßpassungen für Schnitt- und Umformwerkzeuge
VDI-Forschungsheft 472

[14] FROCHT, M.M. Photo-Elasticity
New York 1941

[15] FROMM, N. Stahl - stranggepreßt
Z VDI-Nachrichten 1 v. 3.1.1959

[16] GELEJI, A. Die Berechnung der Kräfte und des Arbeitsbedarfs bei der Formgebung im bildsamen Zustand der Metalle
Budapest 1955

[17] HAFFNER, E.K.L. und R.M.L. ELKAN Extrusion Presses and Press Installations
Z Metallurgical Reviews 2 (1957) 7, S. 263

[18] HETZLER, M. und A. MICHALSKI Ultraschall-Schrumpfsitzprüfung von Blockaufnehmern für Strangpressen
Z Metallkunde 46 (1955) 1, S. 6-11

[19] HILLER, H.M. Beheizte Blockaufnehmer zum Strangpressen von Leicht- und Buntmetallen
Z Metall 8 (1954) S. 923-929

[20] HORNAUER, H. Vorausbestimmung der Umformungskräfte beim Strangpressen von Leichtmetallprofilen
Z Aluminium 32 (1956) 6, S. 350-356

[21] JORDAN, Th. Über ein Verfahren zur Bestimmung von Spannungsverhältnissen in stationären, rotationssymmetrischen Umformvorgängen
Diss. TH Hannover 1957

[22] KARMAN, Th. v. — Festigkeitsversuche unter allseitigem Druck
VDI-Forschungsheft Nr. 118

[23] KAISER, G. — Konstruktion der gezogenen Geschützrohre
Wien 1900

[24] KIENZLE, O. und A. HEISS — Berechnung einfacher Preßsitze
Z Werkstattstechnik und Werksleiter 32 (1938) 21, S. 468-473

[25] KIENZLE, O. und H.-J. CRASEMANN — Preßpassungen in der Feinmechanik
Z Werkstattstechnik u. Masch.-Bau 46 (1956) 1, S. 21-27

[26] KIENZLE, O. — Die Einflüsse auf die Haftbeiwerte in den Fugen bei Preßsitzen
Z Werkstattstechnik und Werksleiter 23 (1938) S. 552-59

[27] KRÄCHTER, H. — Ein neuartiges Verfahren zur Messung von Druckkräften mit Ultraschall
Z Werkstatt und Betrieb 91 (1958) 5, S. 246-248

[28] LAUE, K. und M. AHRENZ — Über die Normung der Strangpreßwerkzeuge
Z Metallkunde 45 (1954) 8, S. 461-464

[29] LAUE, K. und H. HORNAUER — Grenzen der Umformung beim Strangpressen
Z Metallkunde 47 (1956) 2, S. 117-121

[30] LAUE, K. — Thermische und mechanische Beanspruchung der Strangpreßwerkzeuge
Z Metallkunde 46 (1955) 1, S. 1-6

[31] LAUE, K. — Strangpressen
Z Metallkunde 50 (1959) 9, S. 494-502

[32] LEINSS, H. — Die Beanspruchung einfacher Ringe und zweiteiliger Ringverbände unter Innendruck und deren günstigste Bemessung
Z Ing.-Archiv XVI. Bd. (1944), S. 387-398

[33] LINICUS, W. — Fortschritte in der Strangpreßtechnik
Z Industrie-Anzeiger 31/32 (1959), S. 473-475

[34] LORENZ, R. — Temperaturspannungen in Hohlzylindern
Z VDI (1907), S. 743-747

[35] MELAN, und H. PARKUS — Wärmespannungen infolge stationärer Temperaturfelder
Wien 1953

[36] MESMER, G. — Spannungsoptik
Berlin 1939

[37] MEYER, H. — Möglichkeiten und Grenzen der Warmumformung von Gußeisen in Gesenken
Diss. TH Hannover 1958

[38] MÜLLER, E. — Hydraulische Pressen und Druckflüssigkeitsanlagen
Band 3 Strang- und Rohrpressen für Metall- und Kabelwerke
Berlin 1959

[39] NEUBAUER, R. — Temperatur- und Spannungsverteilung in ausgemauerten zylindrischen Reaktionsgefäßen
Berlin 1958

[40] NEUBER, H. — Kerbspannungslehre
Berlin 1937

[41] PARKUS, H. — Instationäre Wärmespannungen
Wien 1959

[42] PEITER, A. — Experimentelle Spannungsanalyse an Schrumpfpassungen
Z Konstruktion 10 (1958), S. 224-232 und 411-416

[43] PÖSCHL, Th. — Lehrbuch der technischen Mechanik
Bd. II Berlin 1952

[44] PRAGER, W. und P.G. HODGE — Theorie ideal plastischer Körper
Wien 1954

[45] SAWIN, G.N. — Spannungserhöhung am Rande von Löchern
Übersetzung aus dem Russischen
VEB-Verlag Technik Berlin 1956

[46] SCHÄDLICH, S. — Berechnung und Herstellung hochbeanspruchter Umformmatrizen auf der Grundlage der Kegelpreßpassung
Z Fertigungstechnik u. Betrieb 9 (1959), S. 543-546, 692-701, 757-760

[47] SCHMALTZ, G. — Technische Oberflächenkunde
Berlin 1936

[48] SCHMIDT, E. — Einführung in die technische Thermodynamik
Berlin 1953

[49] SCHWINNING, W. — Konstruktion und Werkstoff der Geschützrohre und Gewehrläufe
Berlin 1934

[50] SIEBEL, E. und E. FANGMEIER — Untersuchungen über den Kraftbedarf beim Pressen und Lochen
Mitt. aus d. KWI für Eisenforschung
Düsseldorf 1931

[51] SIEBEL, E. — Grundlagen und Begriffe der bildsamen Formgebung
Z Werkstattstechnik und Masch.-Bau 40 (1950) 11, S. 373-380

[52] SIEBER, K. — Umformung und Werkzeug
Z Werkstattstechnik 49 (1959), S. 49-55

[53] SIEBER, K. — Beanspruchung, Konstruktion, Fertigung und Standzeit hochbeanspruchter Preßmatrizen, besonders zum Kaltfließpressen von Stahl
Z Draht 3 (1952) 1, S. 1-6

[54] STÖTER, J. — Untersuchung des Schmiedevorganges in Hammer und Presse, insbesondere hinsichtlich des Steigens
Diss. TH Hannover 1959

[55] TIMOSHENKO, S. und J.N. GOODIER — Theory of Elasticity
New York 1951

[56] TROSTEL, R. — Wärmespannungen in Hohlzylindern mit temperaturabhängigen Stoffwerten
Z Ing.-Archiv XXVI. Bd. (1958), S. 134-142

[57] WARTMANN, R. — Berechnung des Aufheizvorganges von Stahlblöcken und Vergleich von Meßergebnissen
Z Stahl und Eisen 79 (1959) 10, S. 703-711

[58] Werkzeug-Handbuch Stahl und Eisen
Düsseldorf 1953, 3. Auflage

[59] JOHNSON, W. — Drücke beim Strangpressen
Proceedings of the Institution of Mechanical Engineers 173 (1959), S. 61-72, 84-96

[60] LAMÉ und CLAPEYRON — Mémoire sur L'équilibre intérieur des corps sololides homogènes
Journal für die reine und angewandte Mathemathik
Berlin 1831, S. 145-169, 237-252 und 381-413

[61] PAWELSKI, O. Der Spannungszustand bei der ebenen und rotationssymmetrischen Umformung durch Ziehen und Einstoßen
Diss. TH Hannover 1960

[62] SANDEN, H. v. Praktische Mathematik
Leipzig 1951

7 Anhang I

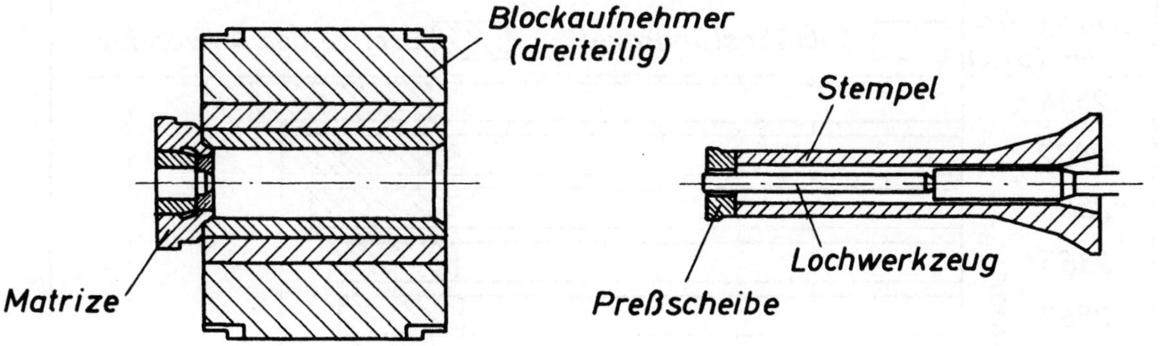

A b b i l d u n g 1

Werkzeugsatz einer Rohr- und Strangpresse

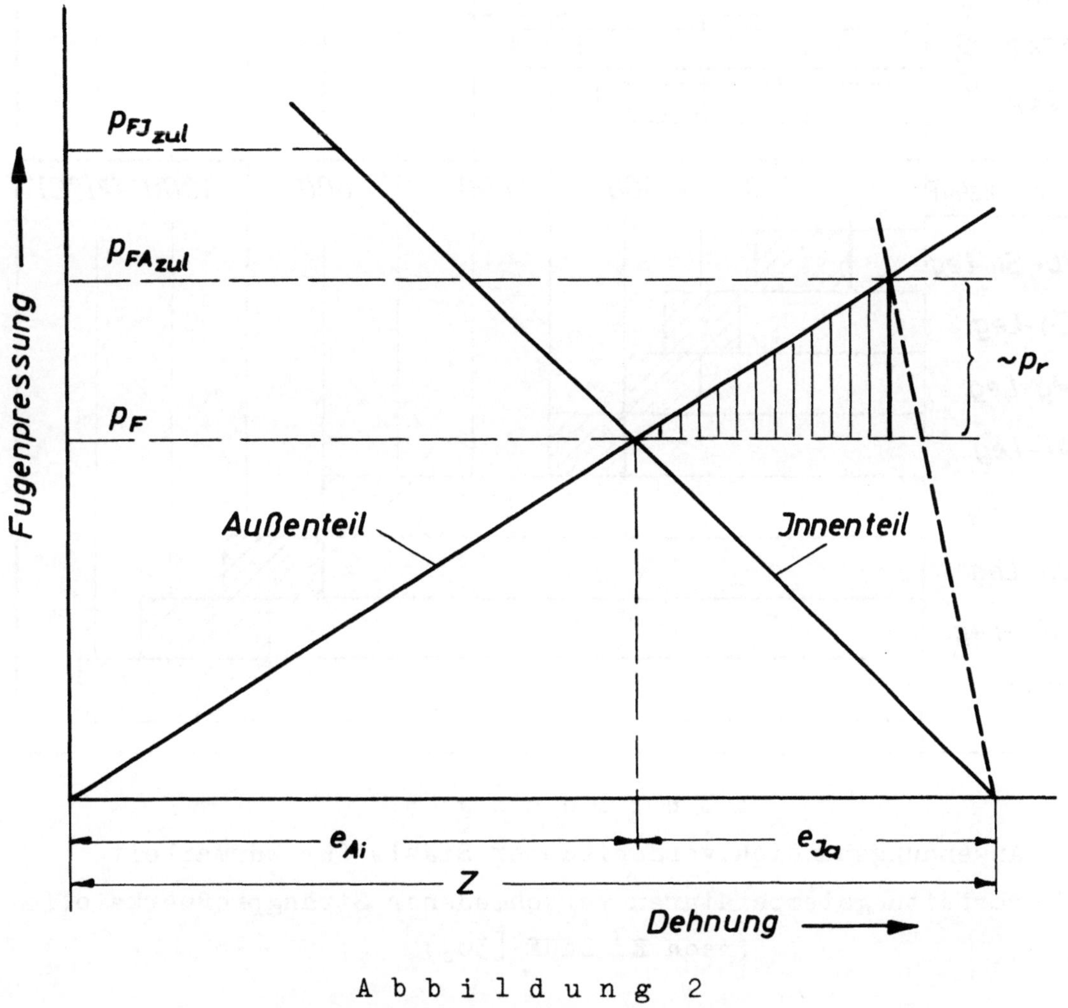

A b b i l d u n g 2

Fugenpressungs-Dehnungs-Schaubild

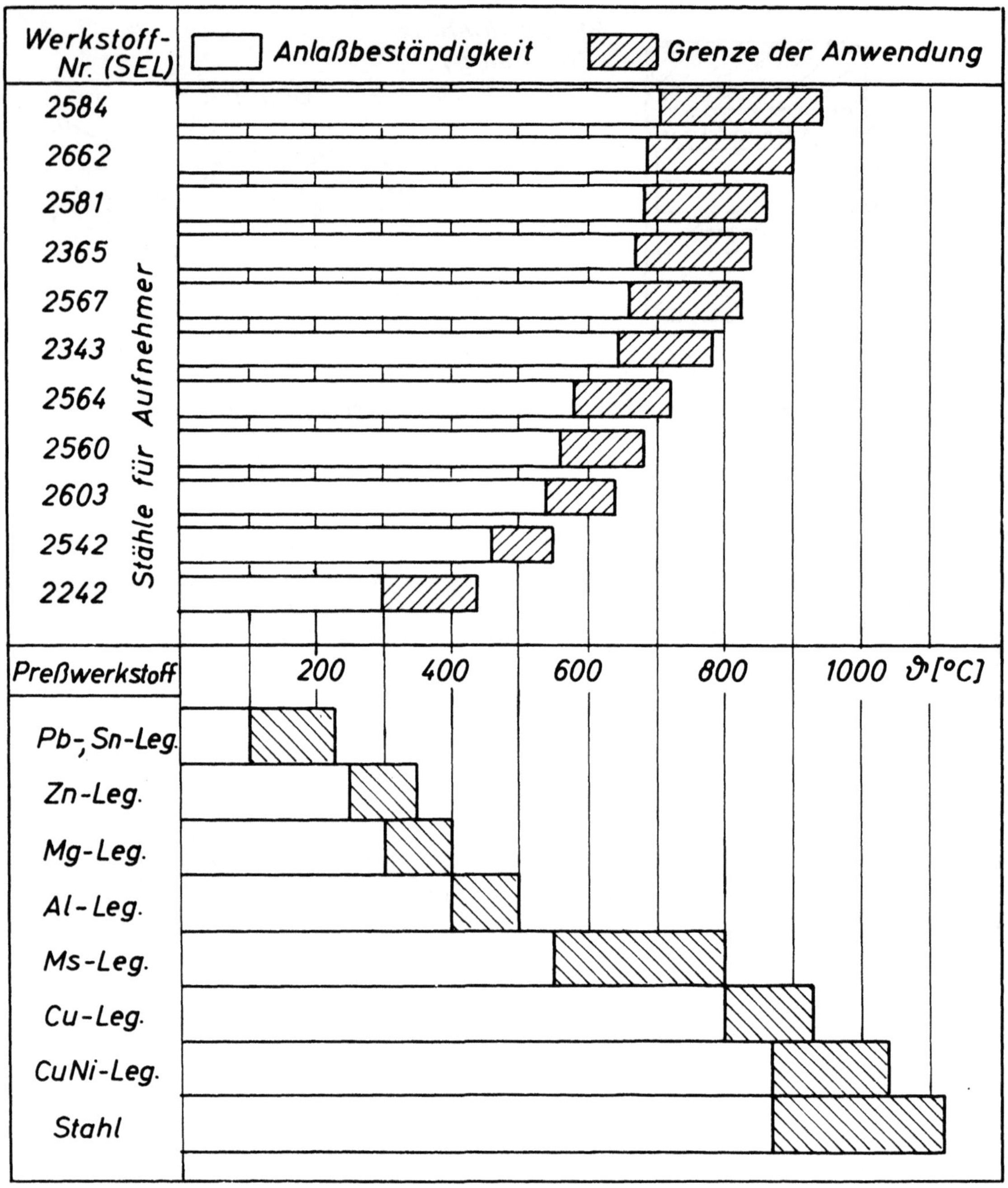

Abbildung 3
Anwendungsbereich verschiedener Stähle für Warmarbeit
und Verarbeitungstemperaturen verschiedener Strangpreßwerkstoffe
(nach K. LAUE [30])

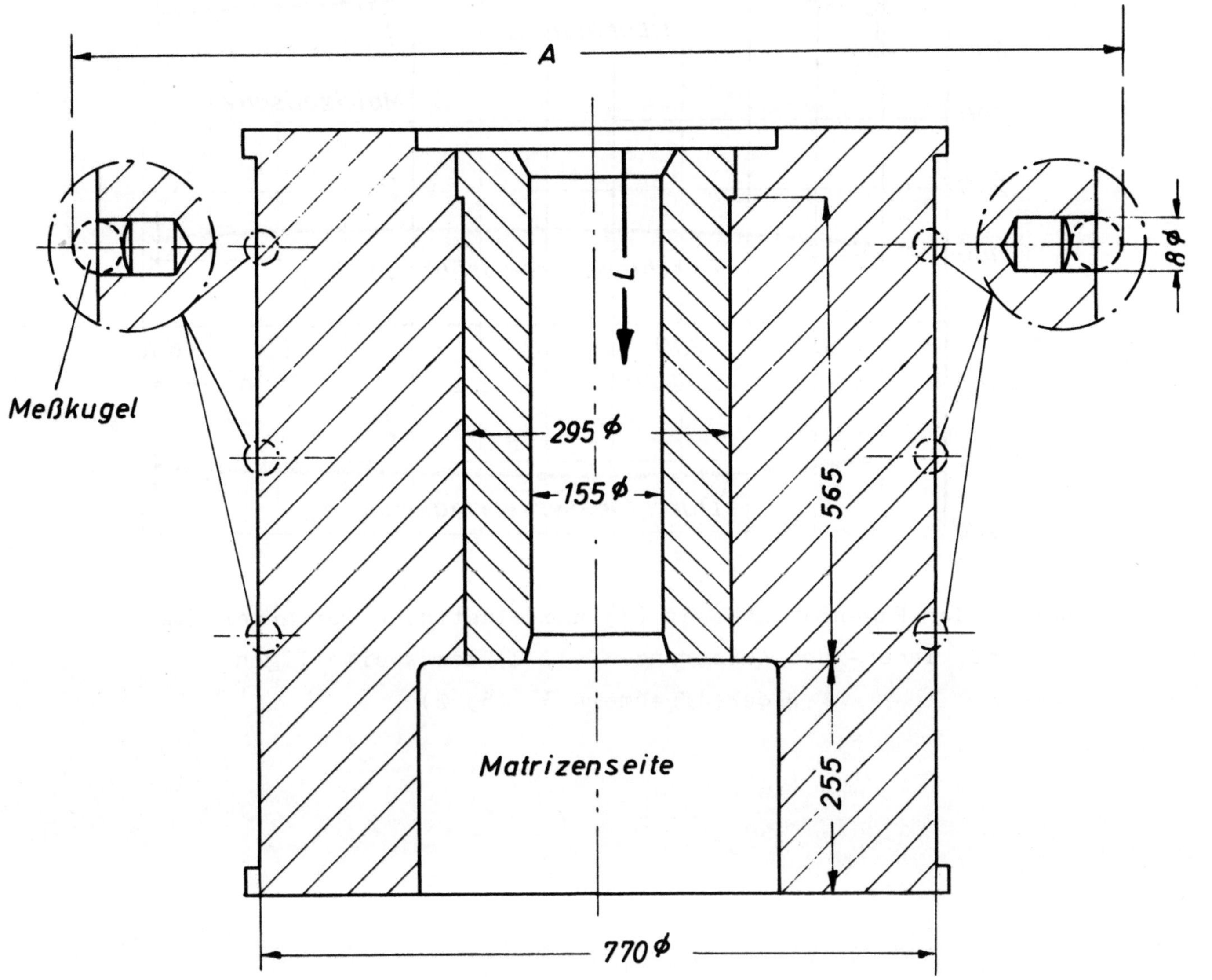

A b b i l d u n g 4
Zweiteiliger Blockaufnehmer 3 (155 ⌀) für eine
1500-Mp-Strangpresse

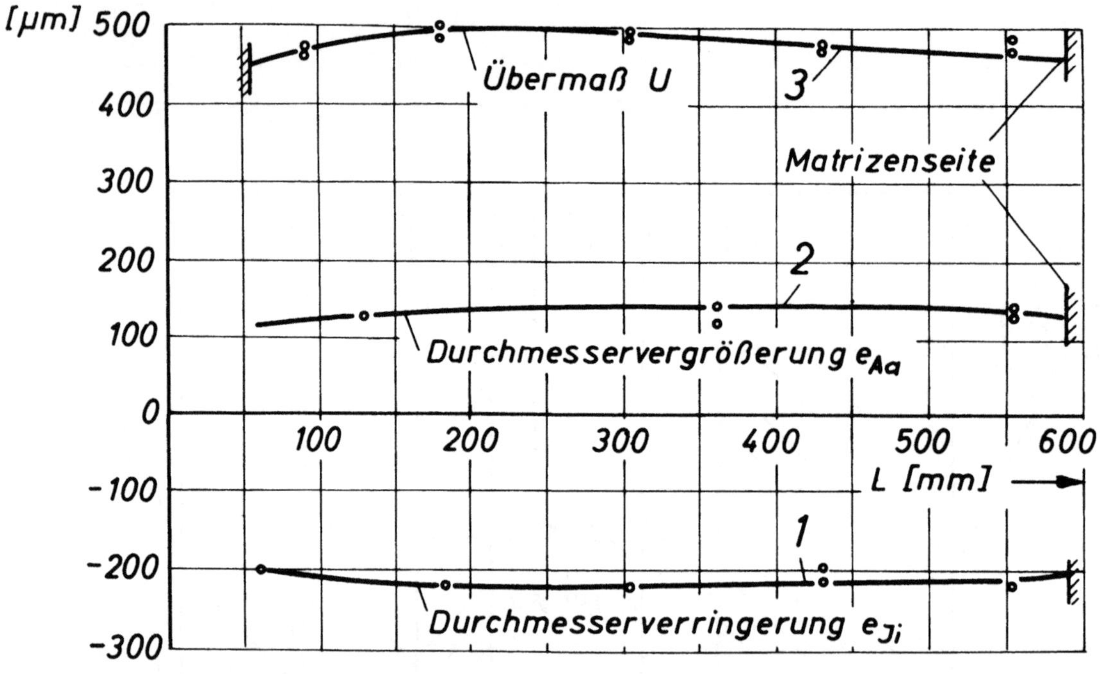

A b b i l d u n g 5

Übermaß der Fugendurchmesser (3) und elastische Formänderungen des Innen- und Außenrandes (1, 2) des zweiteiligen Blockaufnehmers 3 (155 ∅)

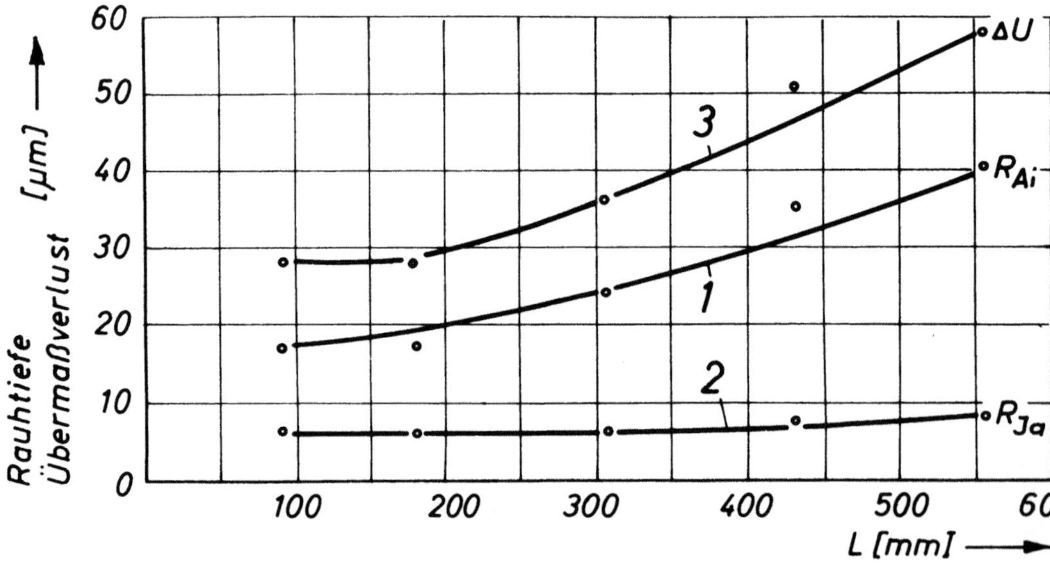

A b b i l d u n g 6

Rauhtiefe (1, 2) und Übermaßverlust (3) in der Fuge des zweiteiligen Blockaufnehmers 3 (155 ∅)

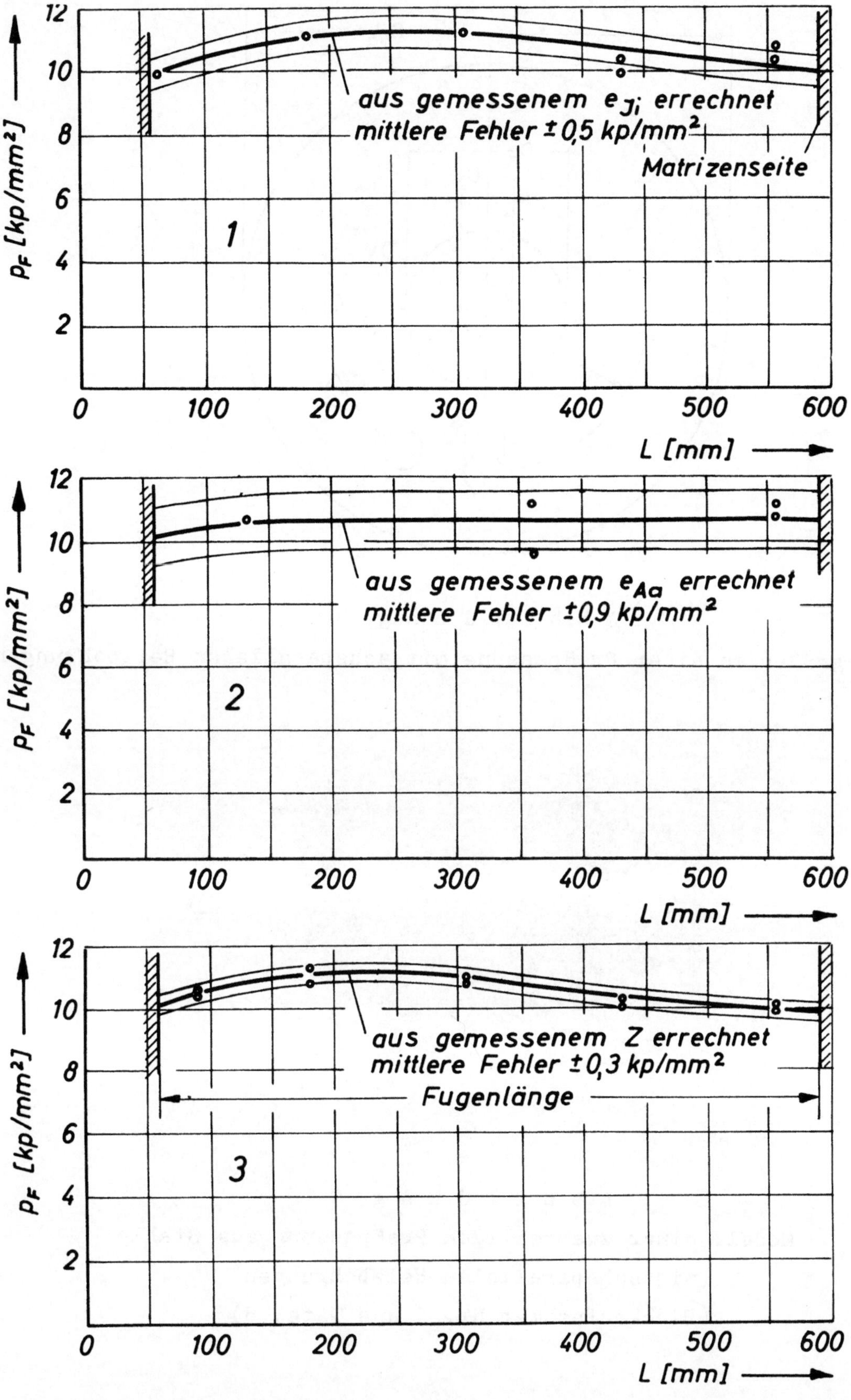

A b b i l d u n g 7
Fugenpressung in der Fuge eines zweiteiligen Blockaufnehmers

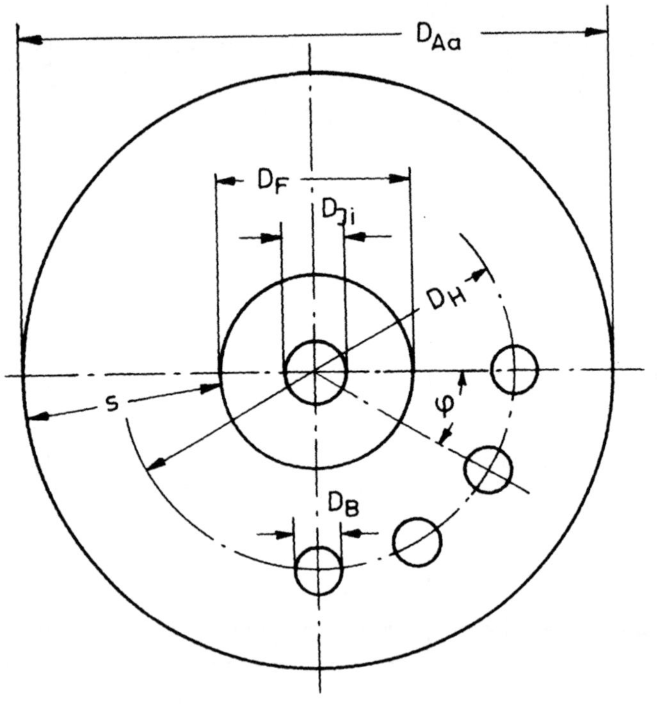

A b b i l d u n g 8

Einflußgrößen an einer Preßpassung mit achsparallelen Heizbohrungen

A b b i l d u n g 9

Modell einer zweiteiligen Preßpassung aus Stahl

mit achsparallelen Heizbohrungen

(Blockaufnehmer Nr. 1 aus Tafel 5)

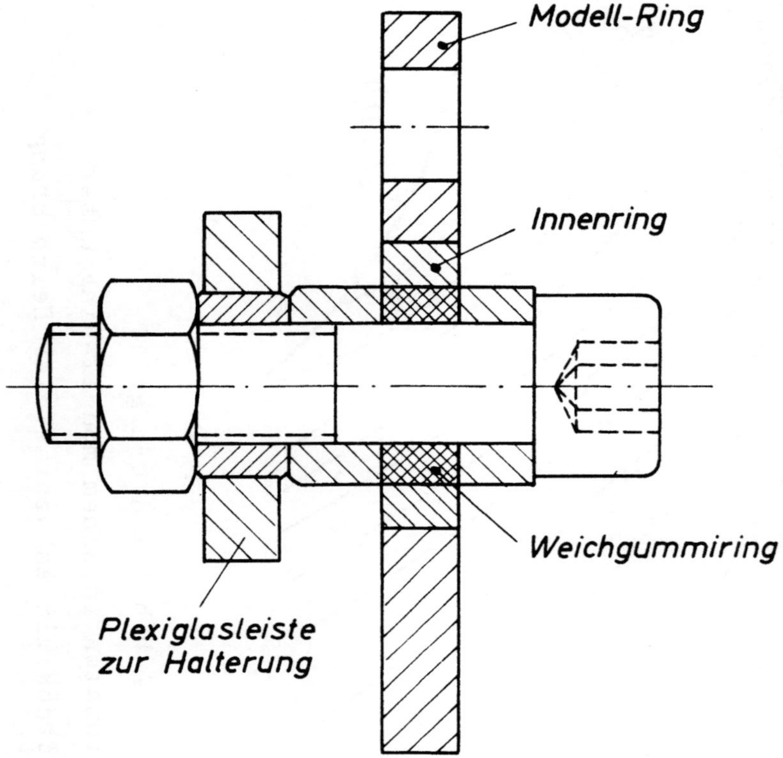

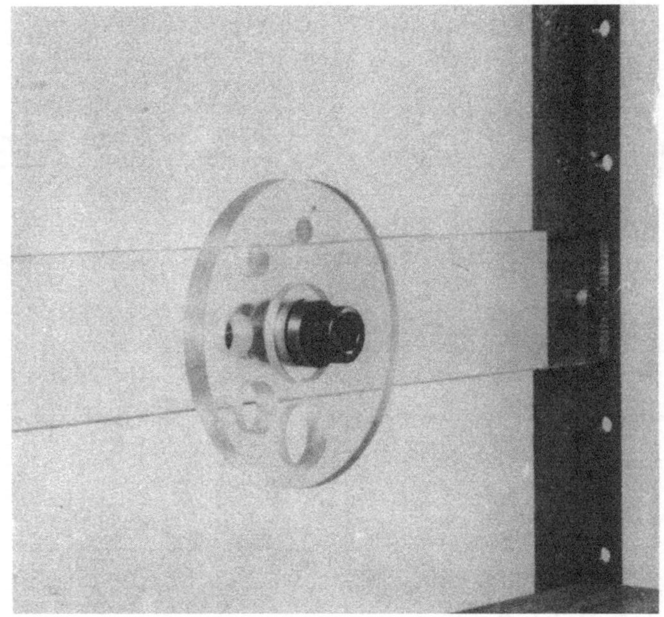

A b b i l d u n g 10

Vorrichtung zum Erzeugen von Radialdruck in Modell-Ringen

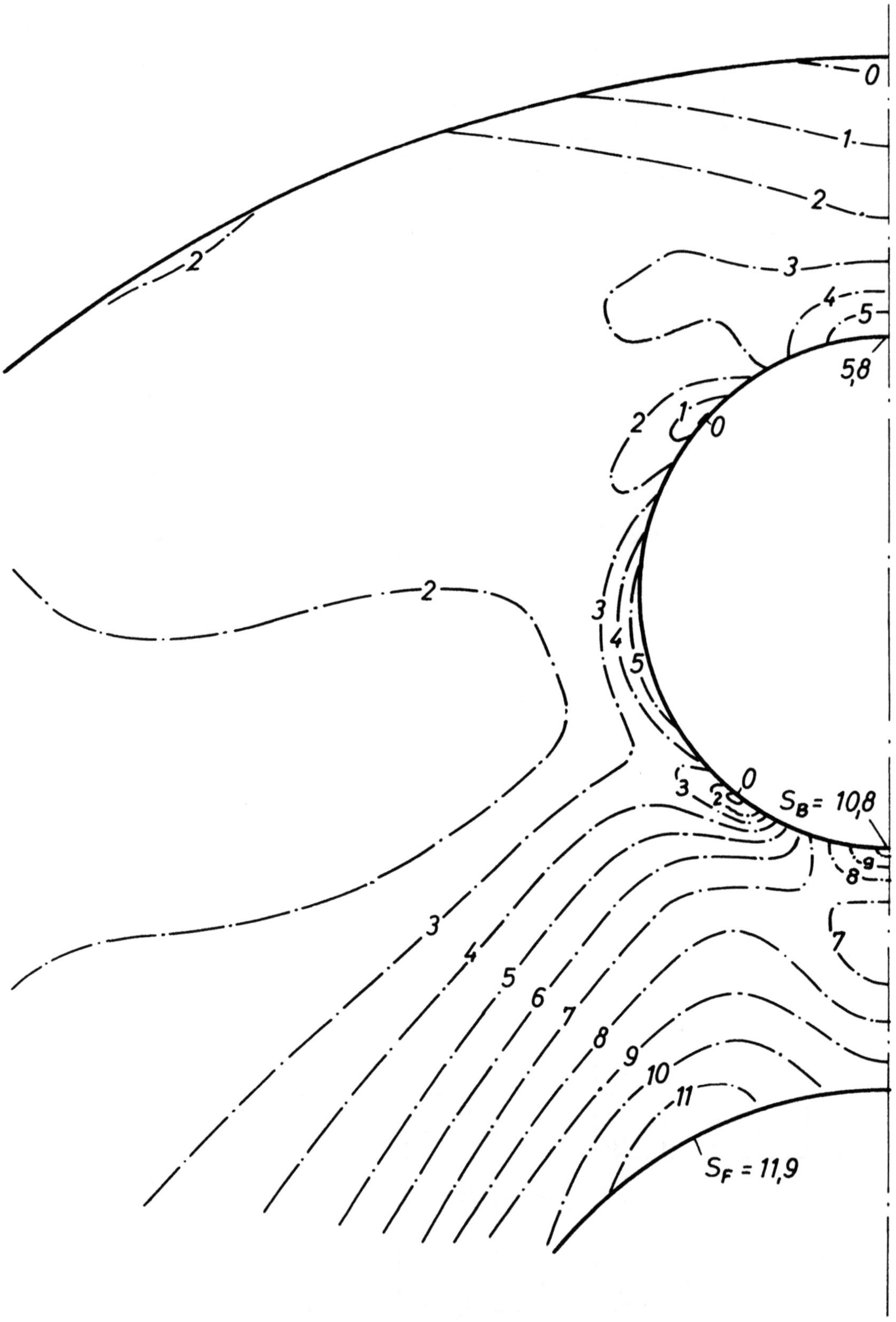

A b b i l d u n g 11
Isochromaten in einem Modell-Ring unter
Radialdruck mit achsparalleler Heizbohrung

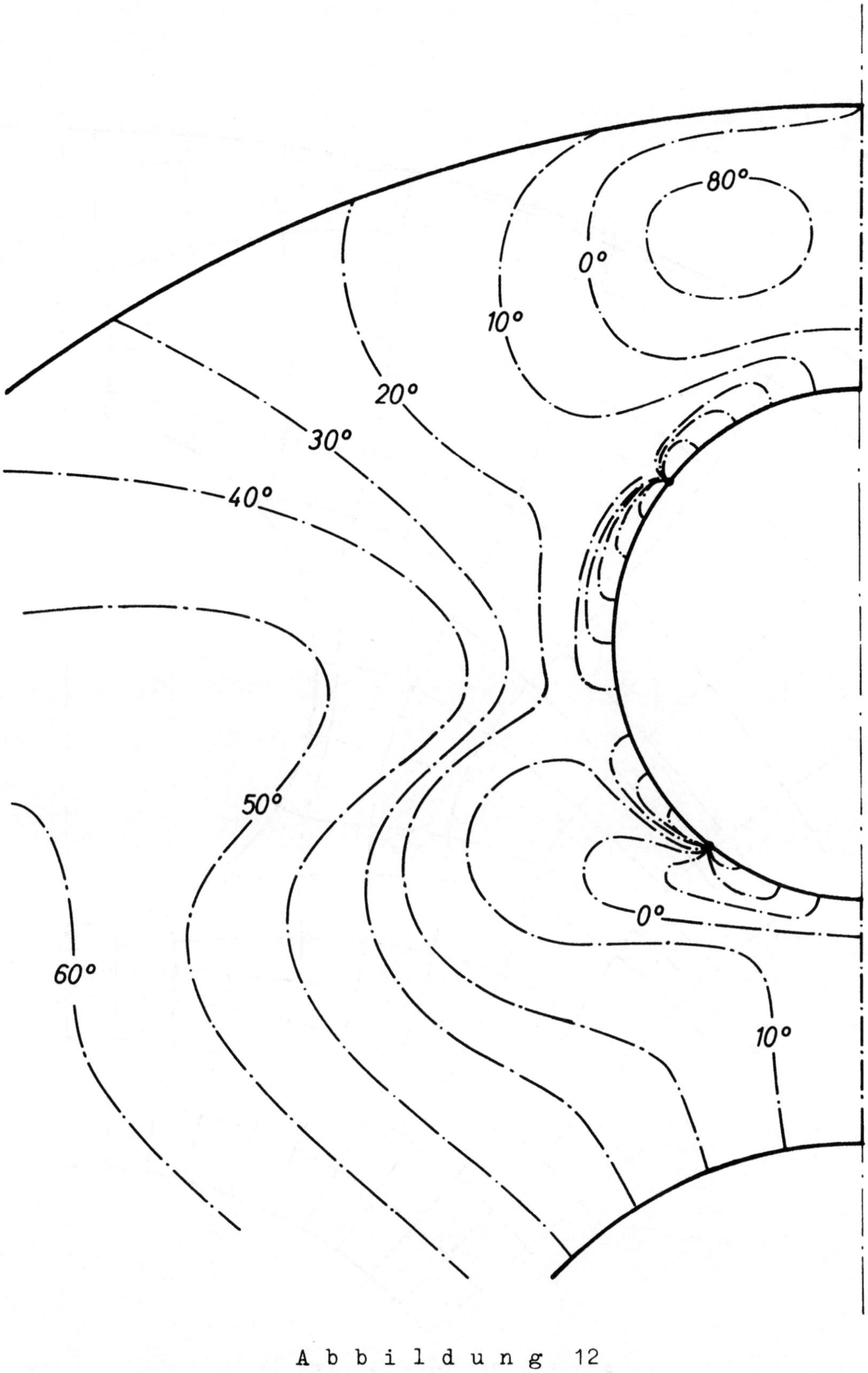

A b b i l d u n g 12

Isoklinen in einem Modell-Ring mit achsparalleler Bohrung

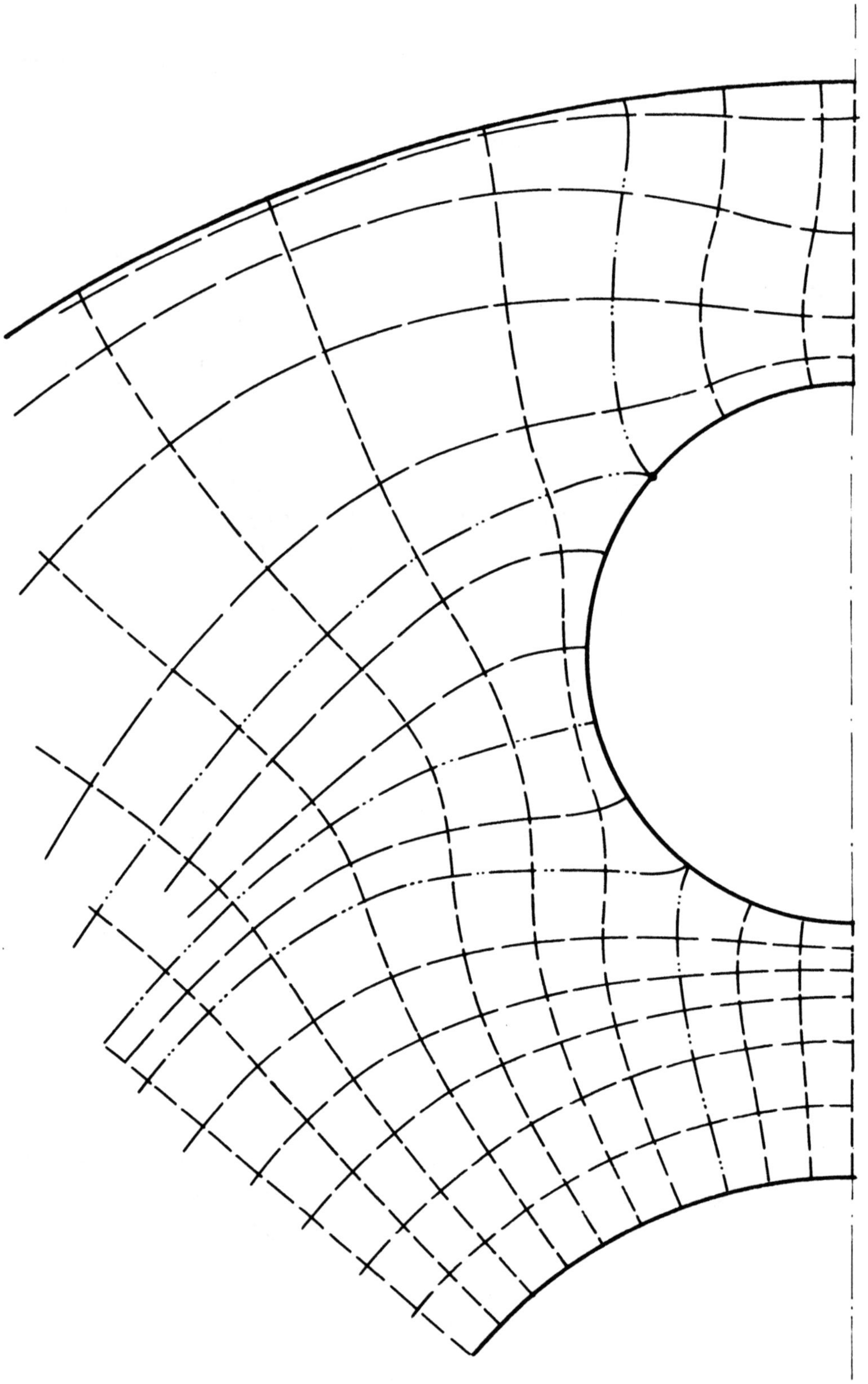

A b b i l d u n g 13
Hauptspannungslinien in einem Modell-Ring
mit achsparalleler Bohrung

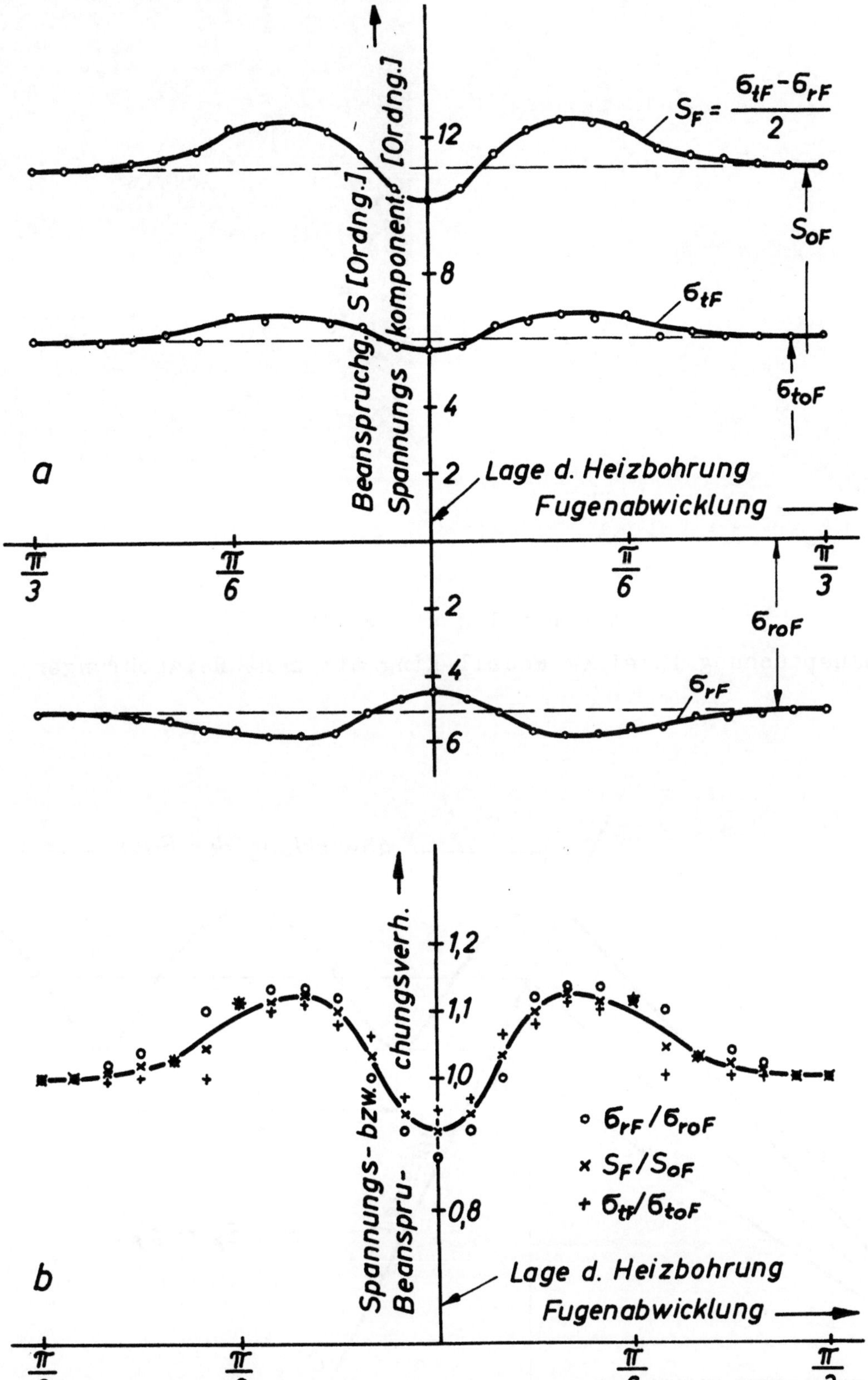

A b b i l d u n g 14

Beanspruchung S, Radial- und Tangentialspannung σ_r und σ_t an der Fuge

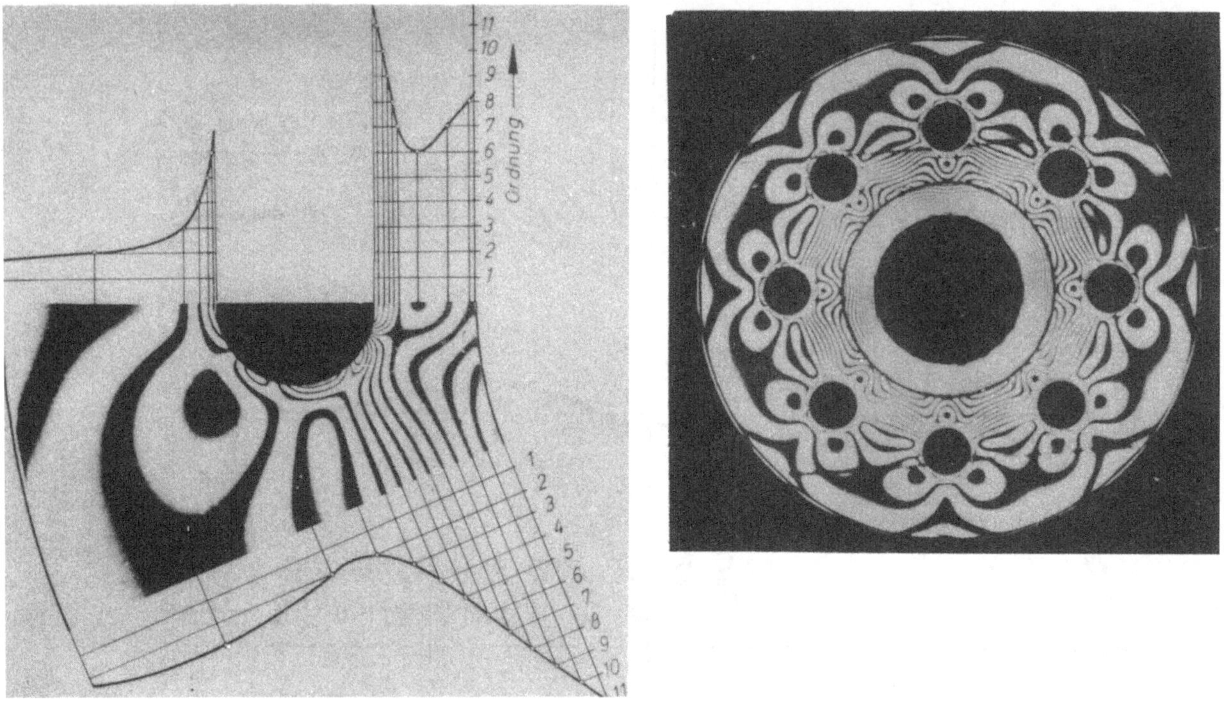

A b b i l d u n g 15

Beanspruchung in einem Modell-Ring mit acht Heizbohrungen

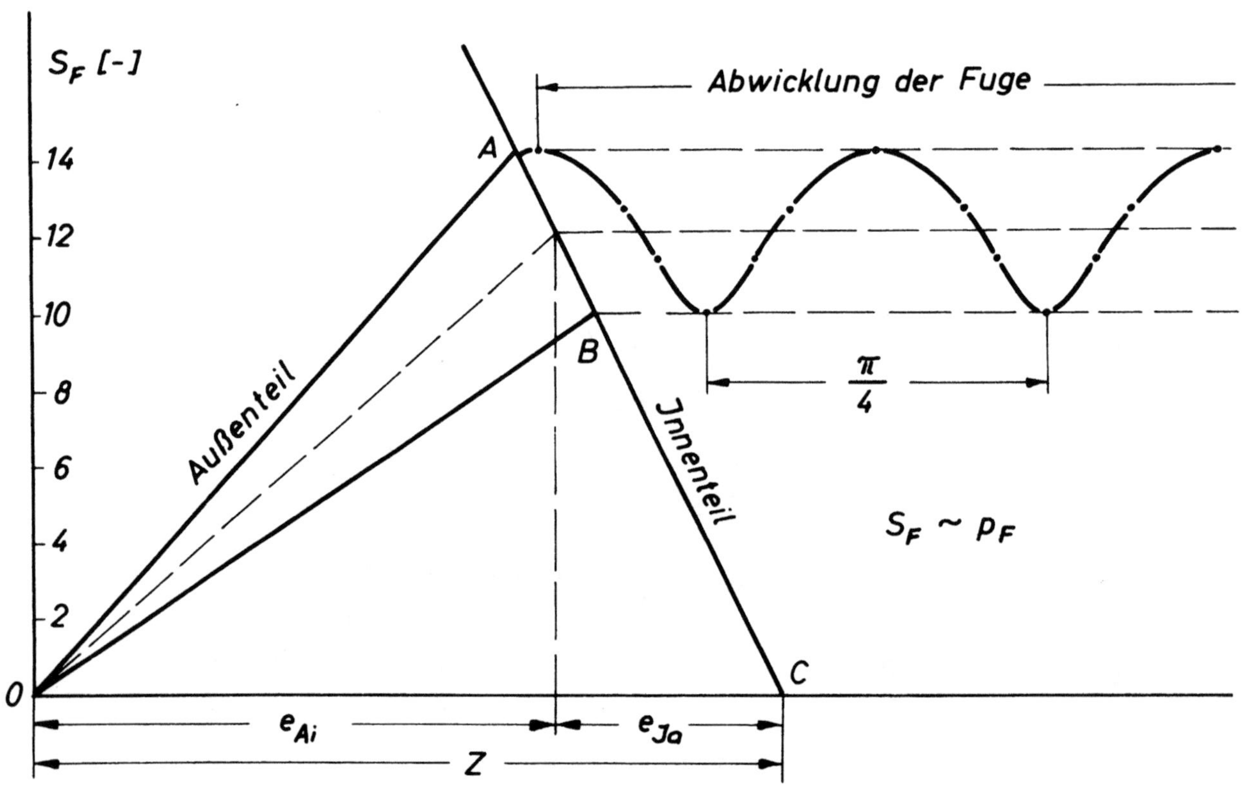

A b b i l d u n g 16

Beanspruchung an der Fuge eines Modell-Ringes

mit acht Heizbohrungen

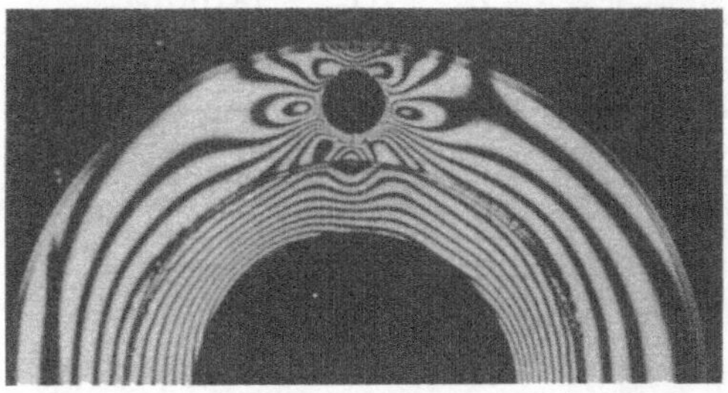

a

D_F = 38 mm
D_H = 48 mm
D_B = 5 mm
D_{Aa} = 58 mm
Q_A = 0,66

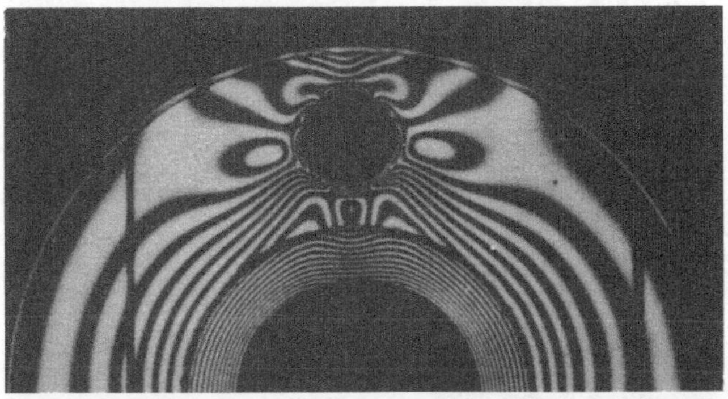

b

D_H = 58 mm
D_B = 10 mm
D_{Aa} = 78 mm
Q_A = 0,49

c

D_H = 68 mm
D_B = 15 mm
D_{Aa} = 98 mm
Q_A = 0,39

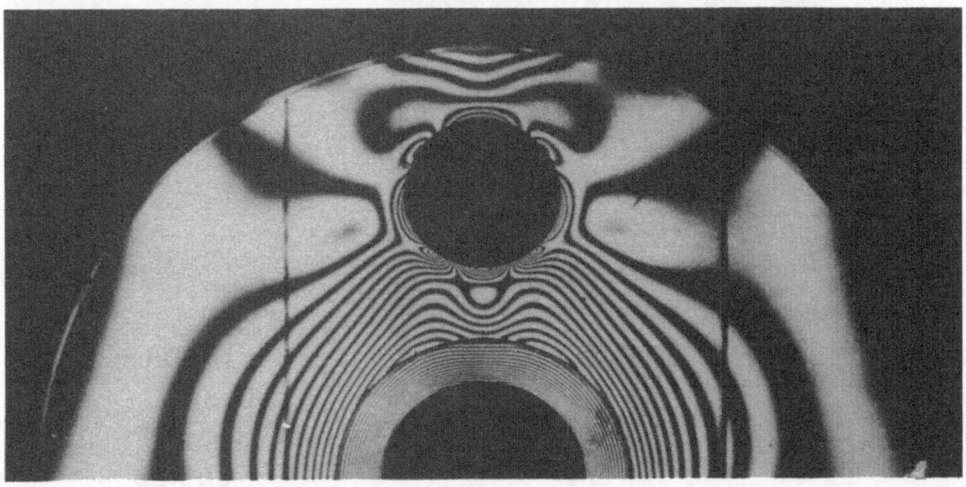

d

D_H = 78 mm
D_B = 20 mm
D_{Aa} = 118 mm
Q_A = 0,32

Maßstab 1:1

A b b i l d u n g 17

Isochromaten in Modell-Ringen mit unterschiedlichen Ring-Außendurchmessern D_{Ao} und Heiz-Bohrungsdurchmessern D_B

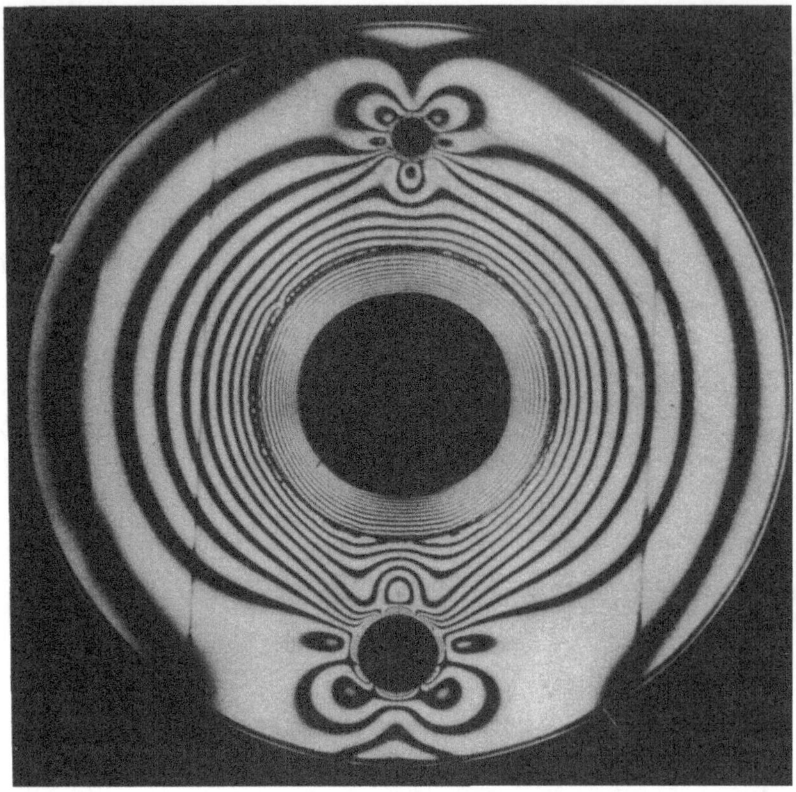

a D_F = 38mm
D_H = 68mm
D_B = 5 mm
D_A = 98mm
$\frac{D_B}{s}$ = 0,167

b D_B = 10mm
$\frac{D_B}{s}$ = 0,33

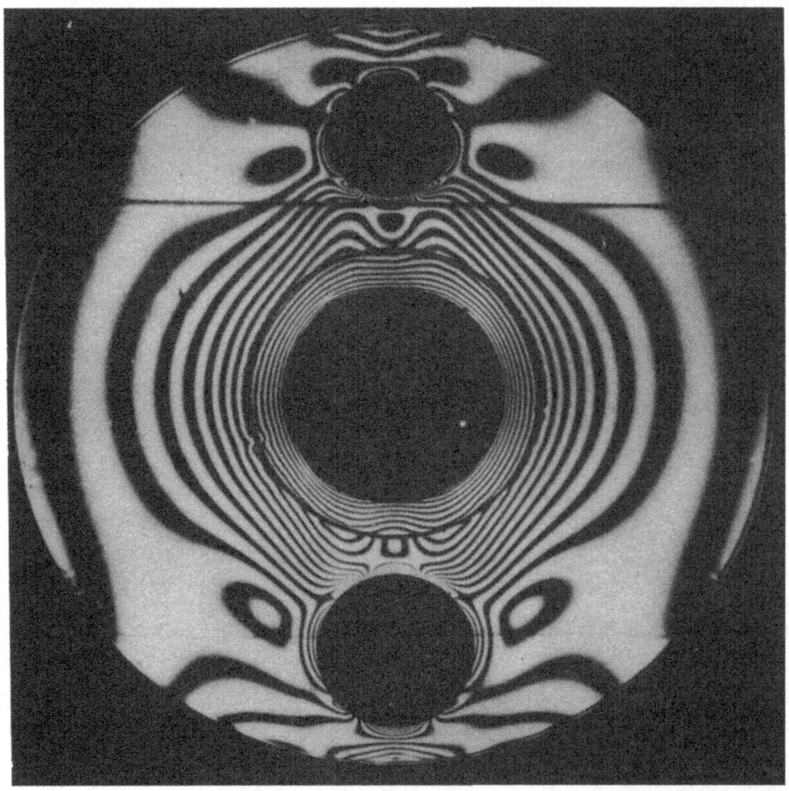

c D_B = 16mm
$\frac{D_B}{s}$ = 0,53

d D_B = 20mm
$\frac{D_B}{s}$ = 0,67

Maßstab 1:1

A b b i l d u n g 18

Isochromaten in Modell-Ringen mit unterschiedlichen Heiz-Bohrungsdurchmessern D_B

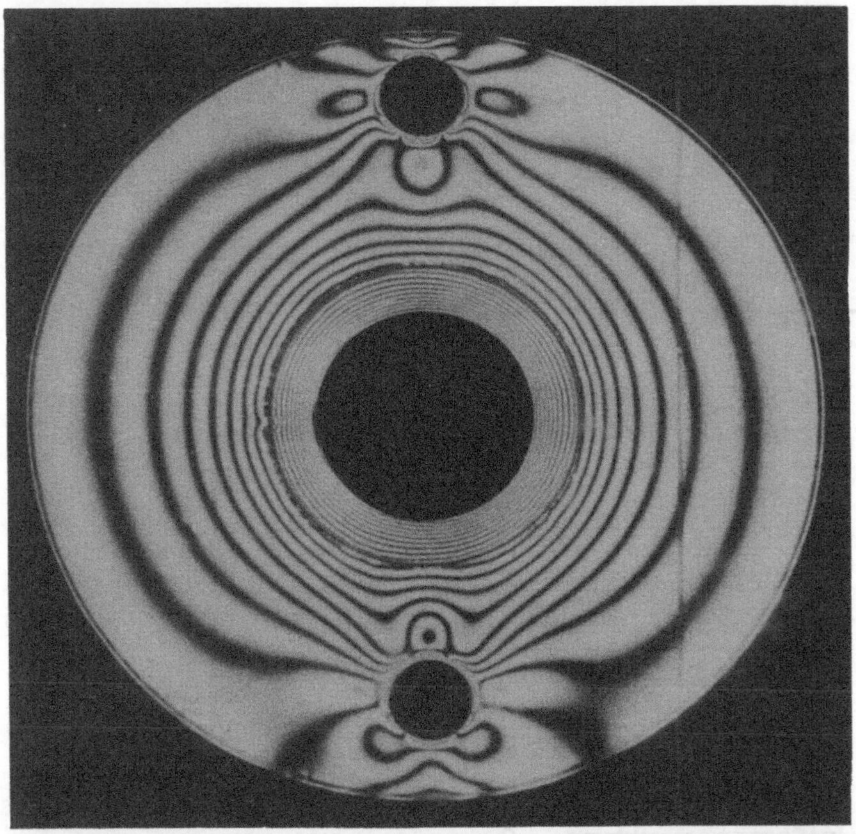

a D_F = 38 mm
D_H = 82 mm
D_B = 10 mm
D_{Aa} = 98 mm
$\frac{D_H}{D_{Hm}} = 1{,}21$

b D_H = 72 mm
$\frac{D_H}{D_{Hm}} = 1{,}06$

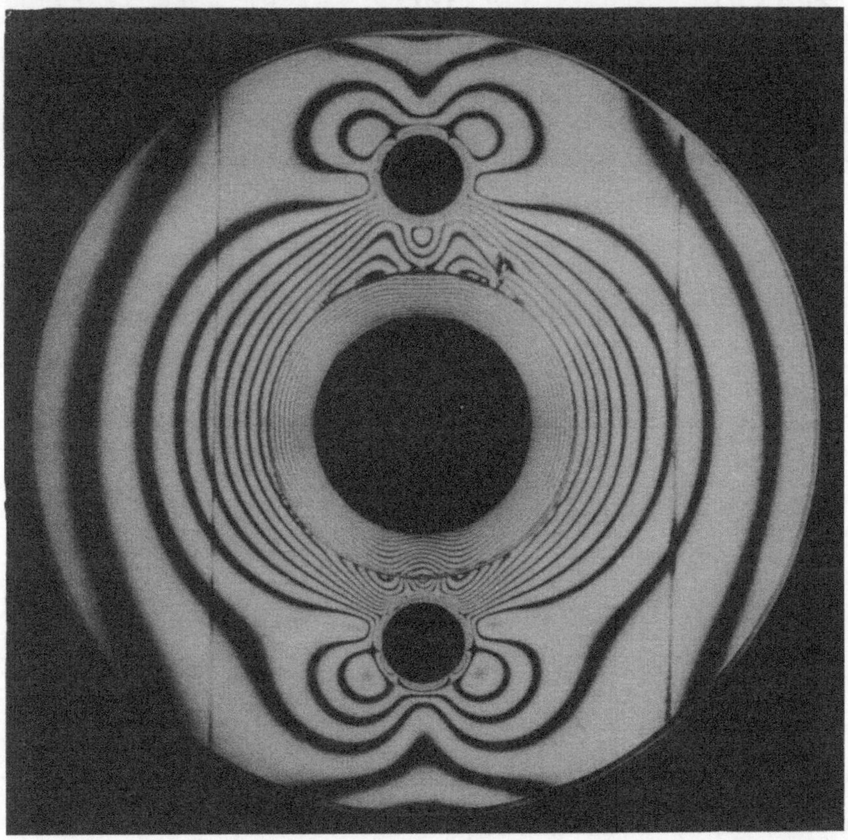

c D_H = 62 mm
$\frac{D_H}{D_{Hm}} = 0{,}91$

d D_H = 54 mm
$\frac{D_H}{D_{Hm}} = 0{,}79$

Maßstab 1:1

A b b i l d u n g 19
Isochromaten in Modell-Ringen mit unterschiedlichen Abständen der Heizbohrungen von der Fuge

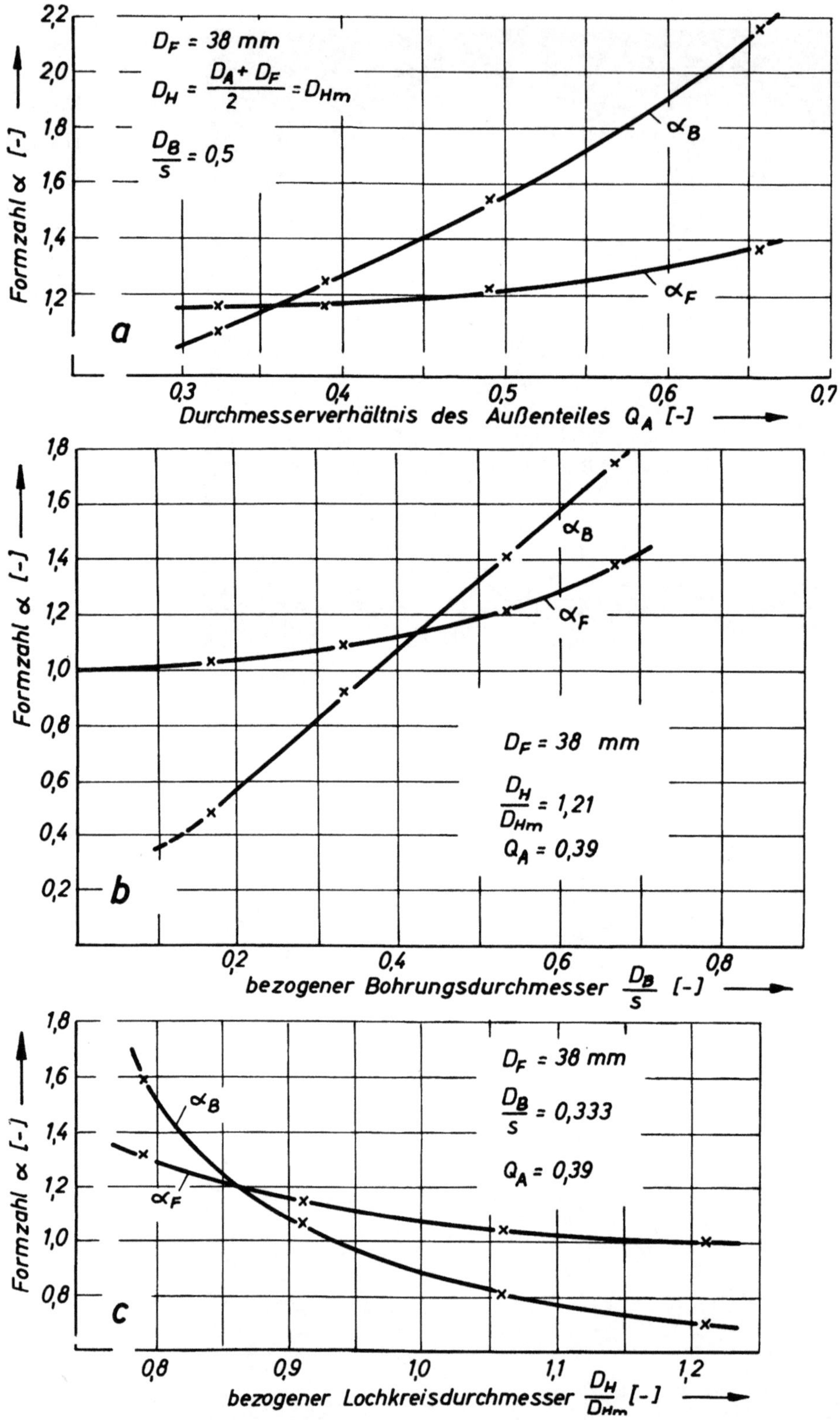

A b b i l d u n g 20

Formzahlen α_F und α_B in Abhängigkeit

a) vom Durchmesserverhältnis Q_A

b) vom bezogenen Bohrungsdurchmesser D_B/s

c) vom bezogenen Lochkreisdurchmesser D_H/D_{Hm}

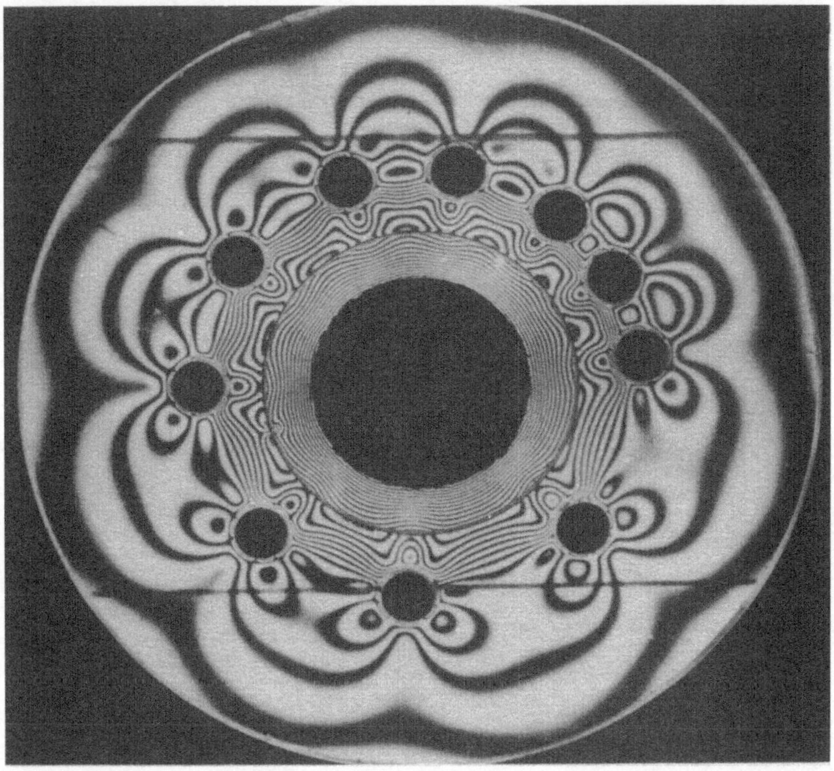

A b b i l d u n g 21
Isochromaten in einem Modell-Ring mit unterschiedlichen Abständen zwischen den Heiz-Bohrungen

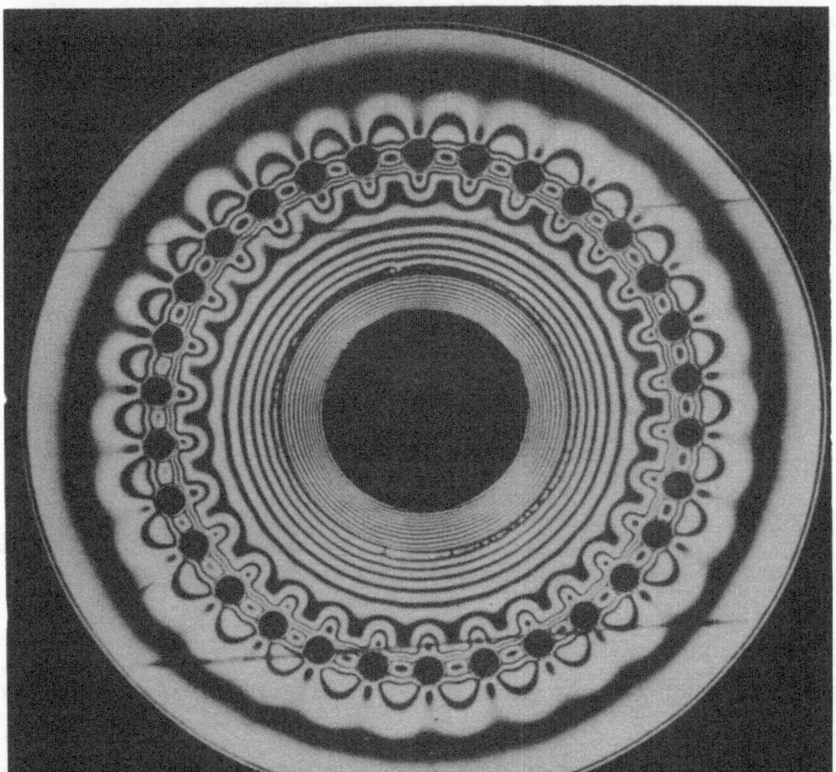

A b b i l d u n g 22
Isochromaten in einem Modell-Ring des Blockaufnehmers 10 aus Tafel 5

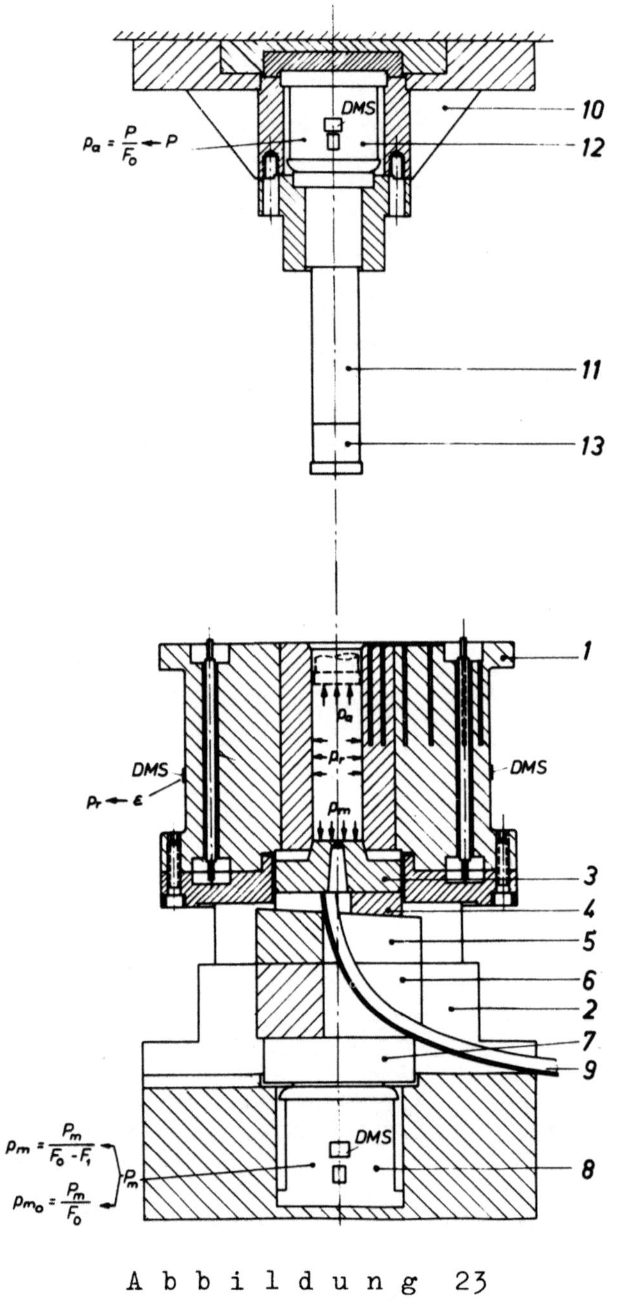

A b b i l d u n g 23

Versuchseinrichtung zur Ermittlung der Umformdrücke beim Strangpressen

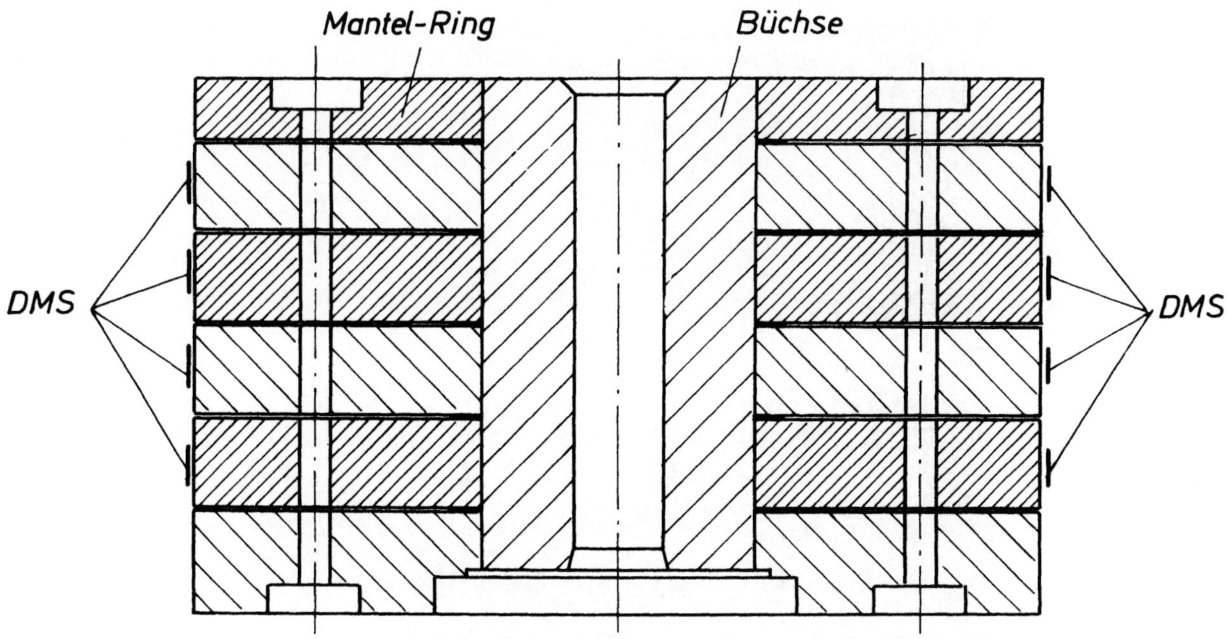

A b b i l d u n g 24

Versuchsblockaufnehmer 1 mit 32 mm Bohrung

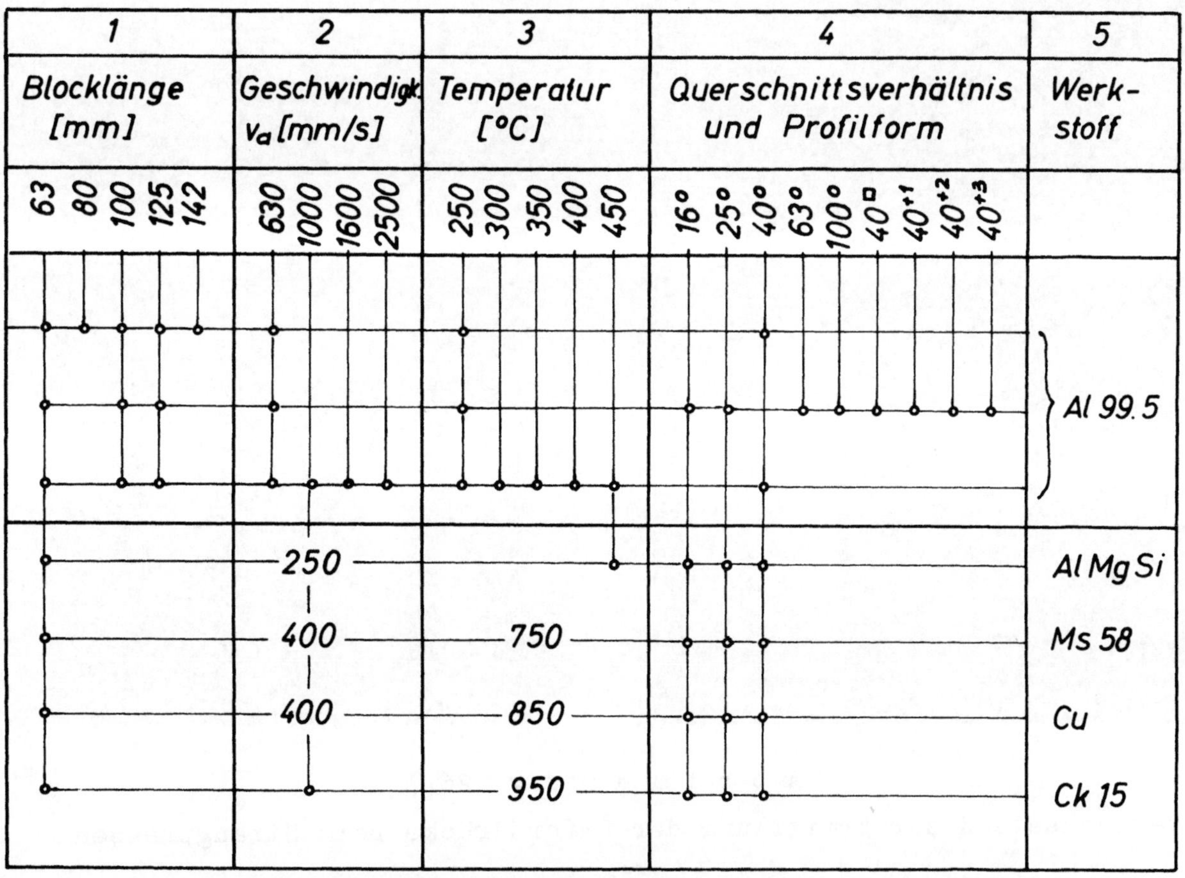

A b b i l d u n g 25

Versuchsplan zur Ermittlung der Umformdrücke beim Strangpressen einiger Metalle (Profil-Zeichen siehe Abb. 45)

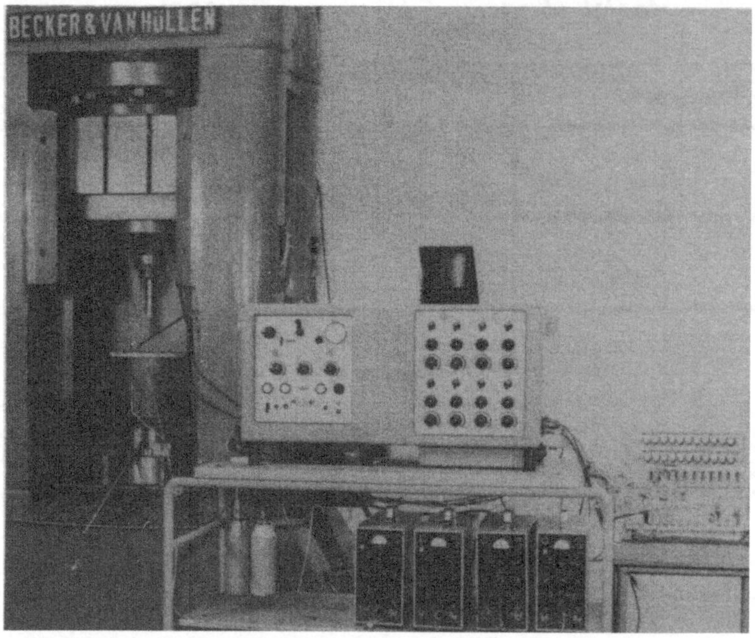

A b b i l d u n g 26

Versuchsstand zur Ermittlung der Umformdrücke beim Strangpressen

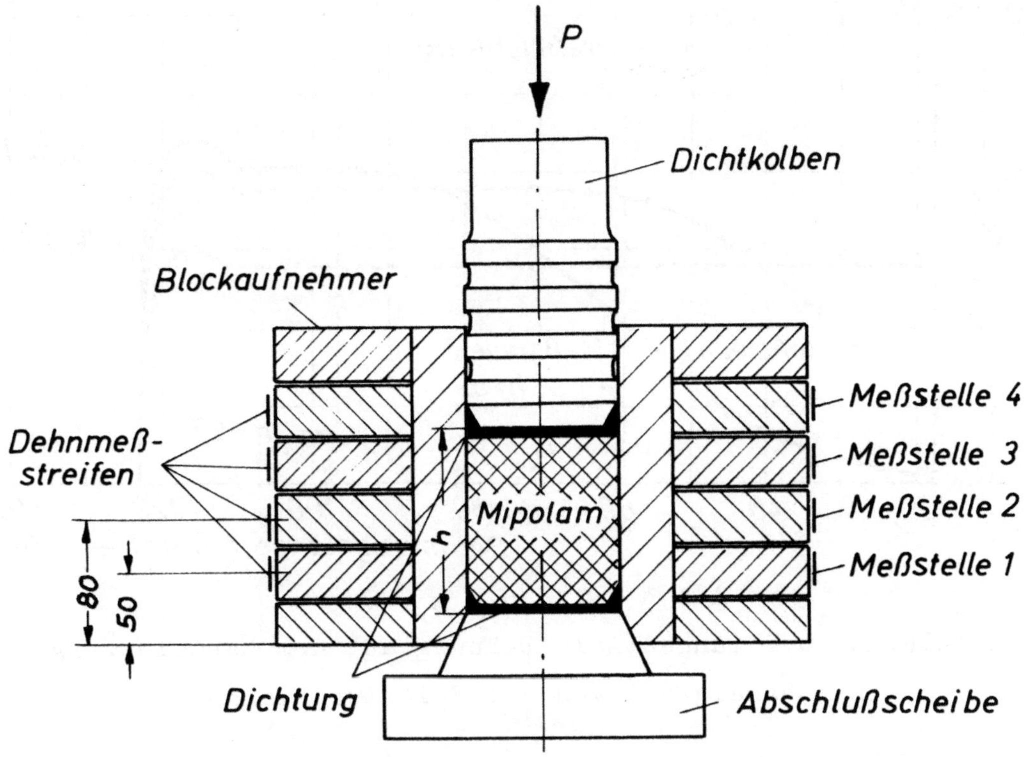

A b b i l d u n g 27

Anordnung zur Eichung des Versuchsblockaufnehmers 1 in Bezug auf Radialdruck ($h \geq 59$ mm Meßstelle 1, $h \geq 97$ mm Meßstelle 2)

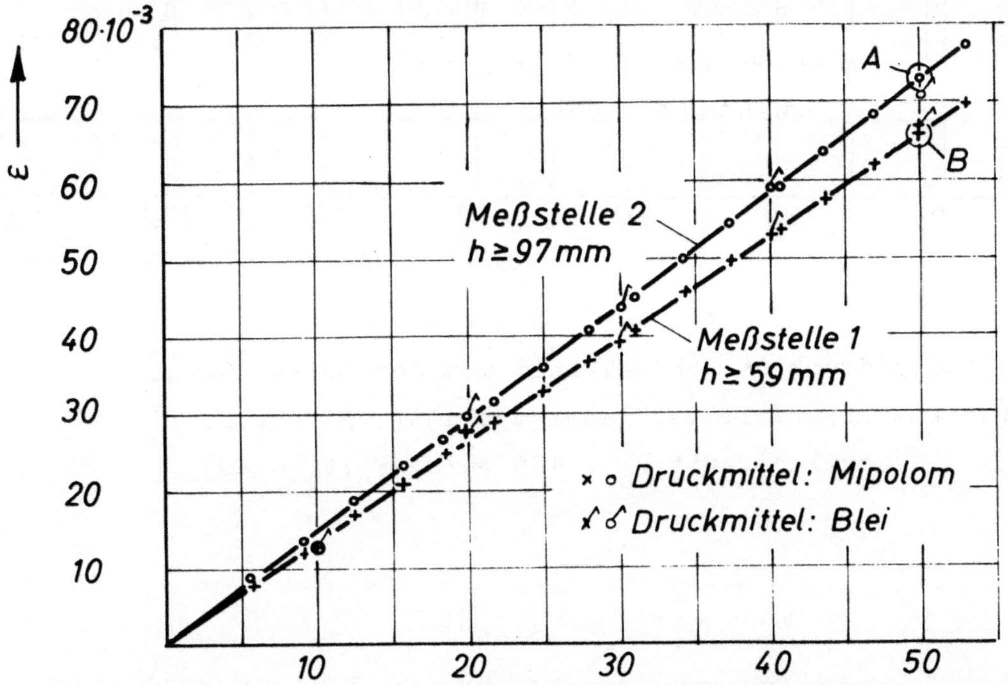

A b b i l d u n g 28

Tangentiale Dehnung auf dem Mantelumfang in Abhängigkeit vom Radialdruck bei Aufnehmer 1 (32 ∅)

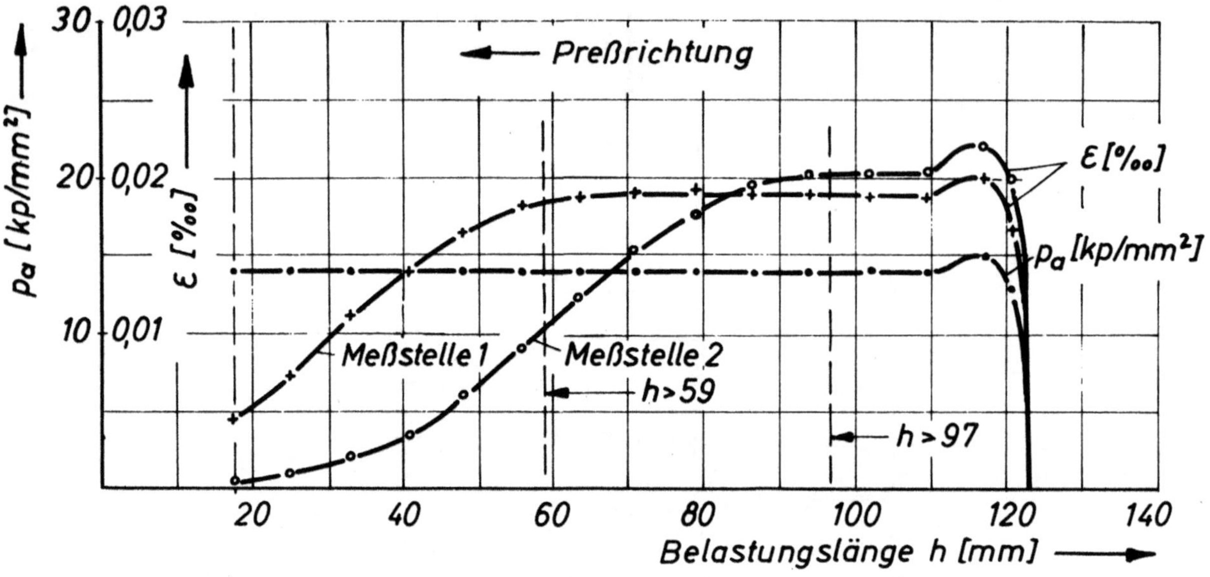

Abbildung 29

Stempeldruck und tangentiale Dehnung auf dem Mantelumfang in Abhängigkeit von der Belastungslänge

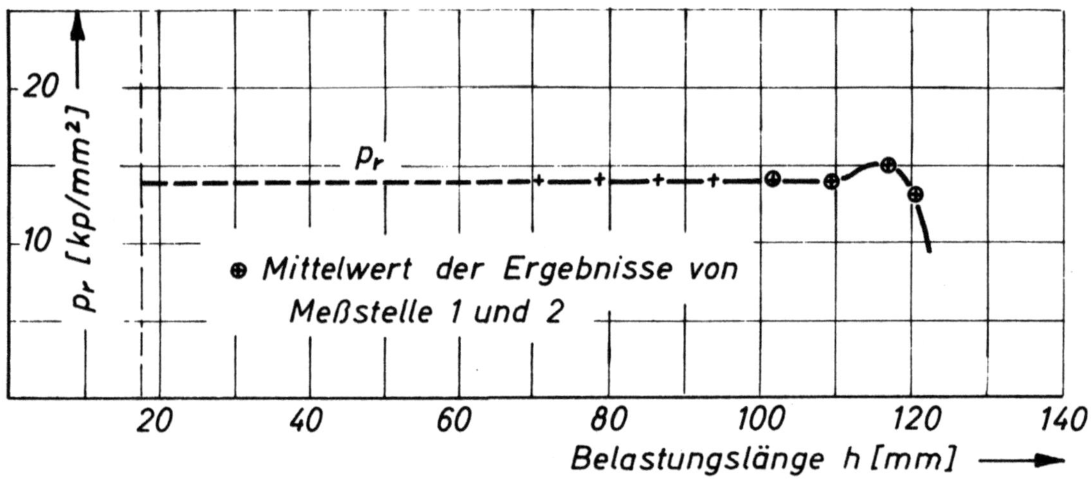

Abbildung 30

Radialdruck in Abhängigkeit von der Belastungslänge (Werkstoff: Blei, bei Raumtemperatur, Strangaustritts-Geschwindigkeit v_a = 125 mm/s, $F_o:F_1$ = 40)

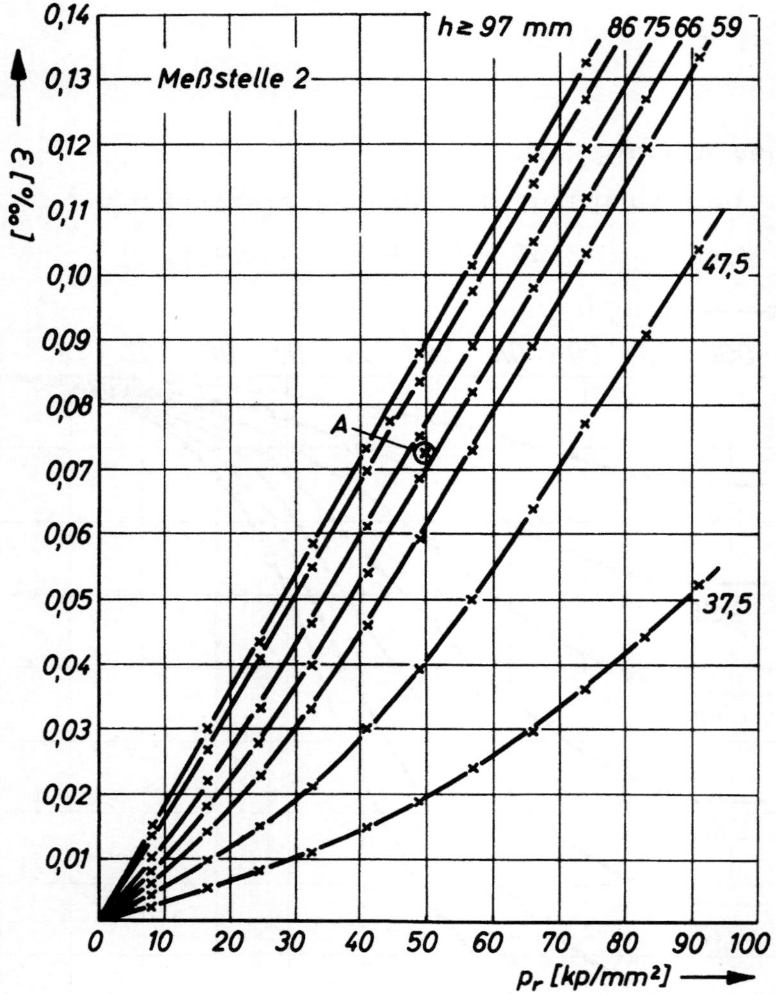

Abbildung 31

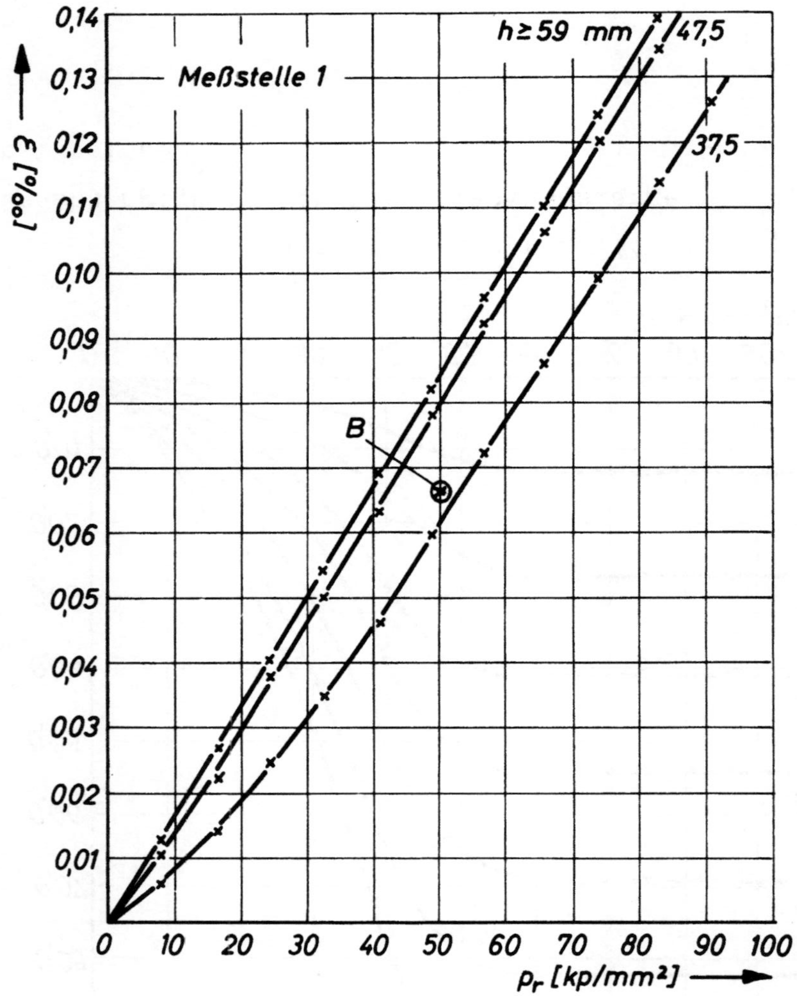

Abbildung 32

Tangentiale Dehnung auf dem Mantelumfang in Abhängigkeit vom Radialdruck
(Blockaufnehmer 1 (32 Ø) bei 280°C)

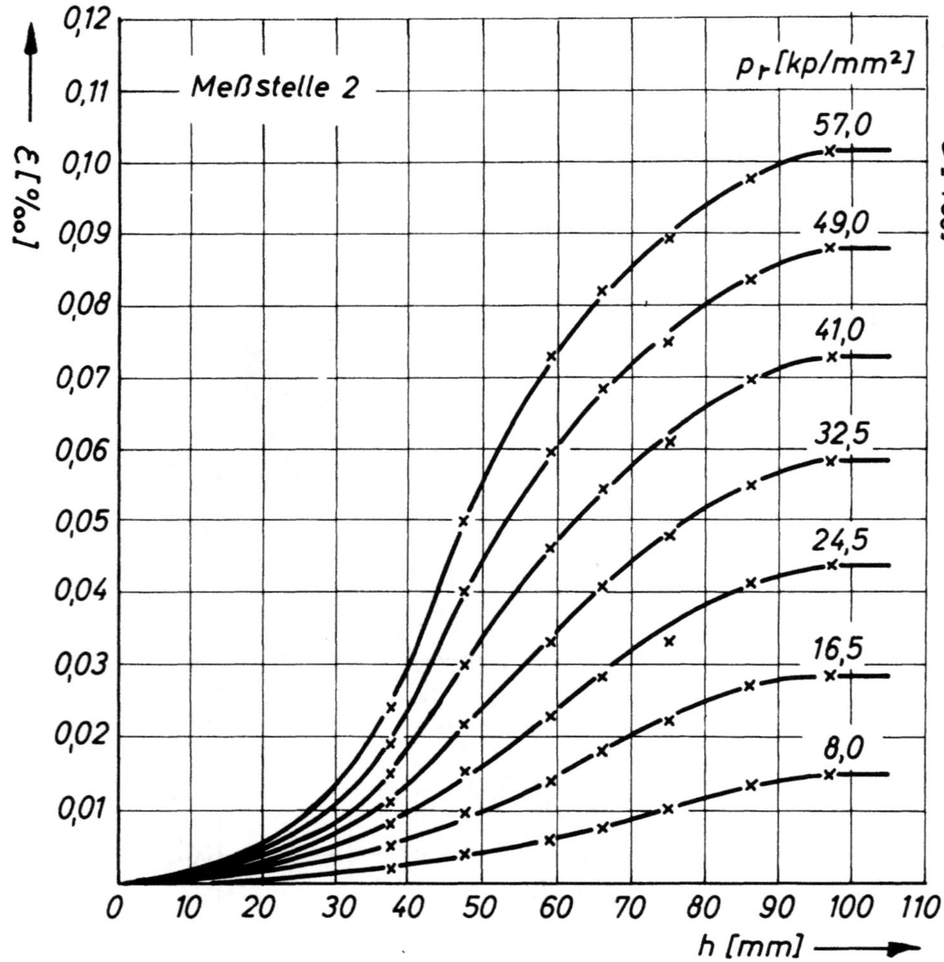

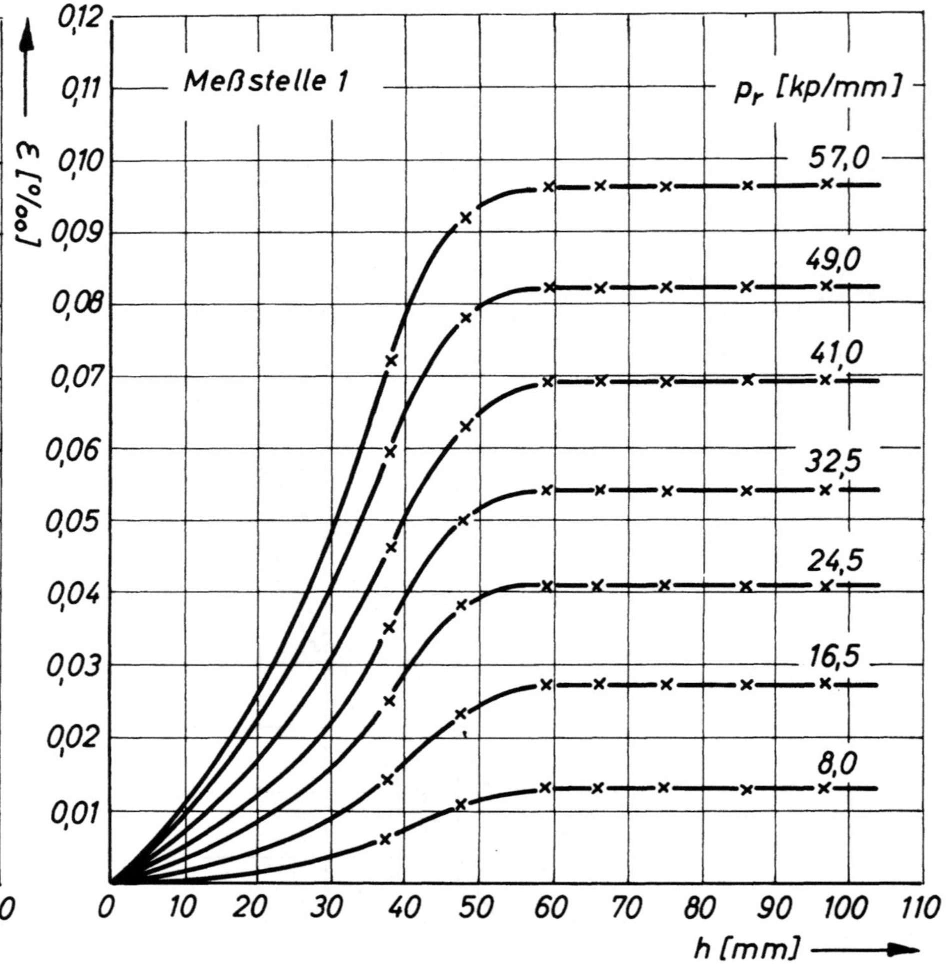

Abbildung 33 Abbildung 34

Tangentiale Dehnung auf dem Mantelumfang in Abhängigkeit von der Belastungslänge

(Blockaufnehmer 1 bei 280°C)

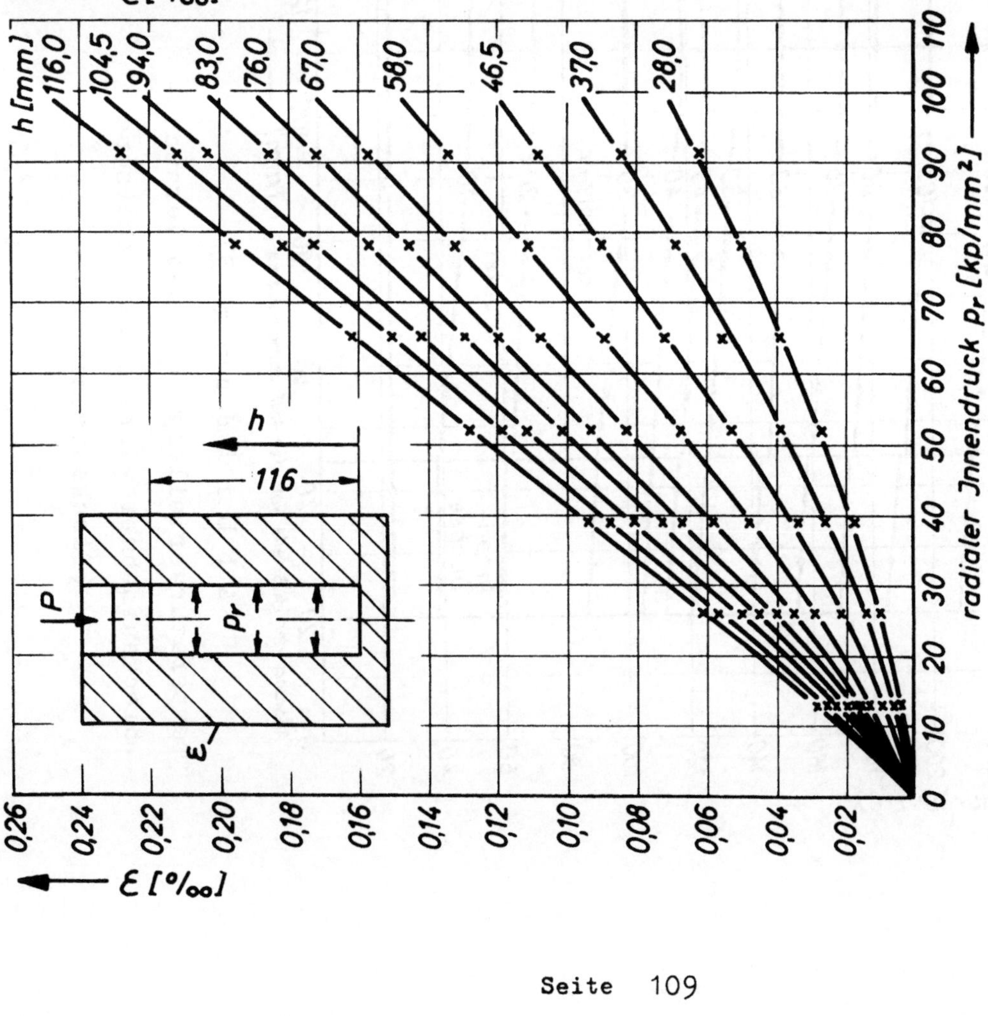

A b b i l d u n g 35

Tangentiale Dehnung auf dem Mantelumfang

in Abhängigkeit vom Radialdruck

(Blockaufnehmer 2 (40 ∅) bei 280°C)

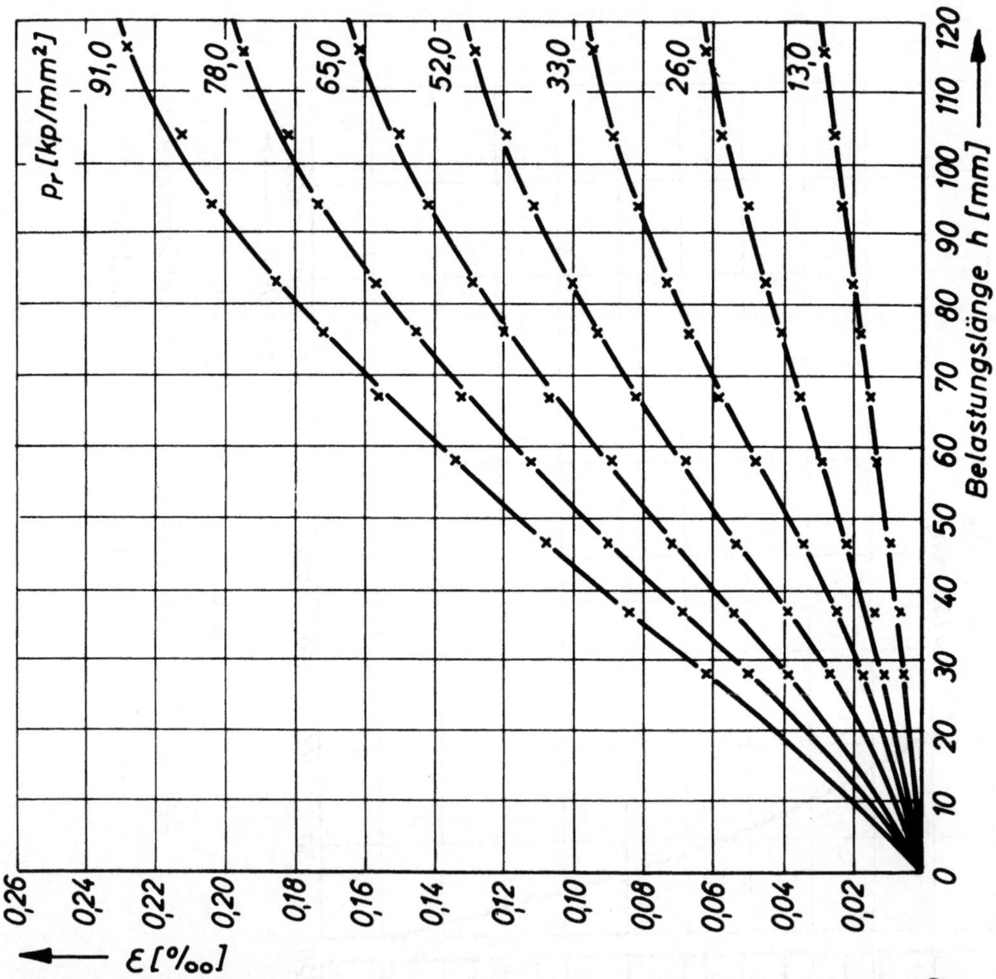

A b b i l d u n g 36

Tangentiale Dehnung auf dem Mantelumfang

in Abhängigkeit von der Belastungslänge

(Blockaufnehmer 2 (40 ∅) bei 280°C)

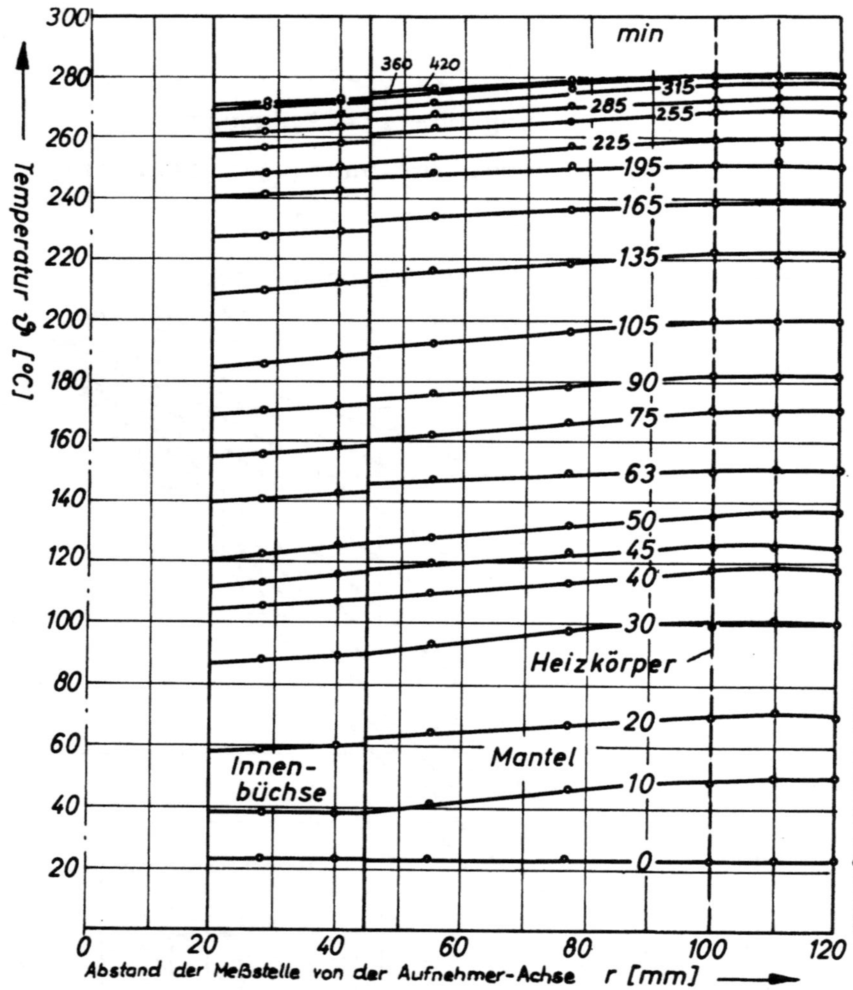

A b b i l d u n g 37

Temperaturverteilung in einem Versuchsblockaufnehmer während des Anheizens (Blockaufnehmer 2)

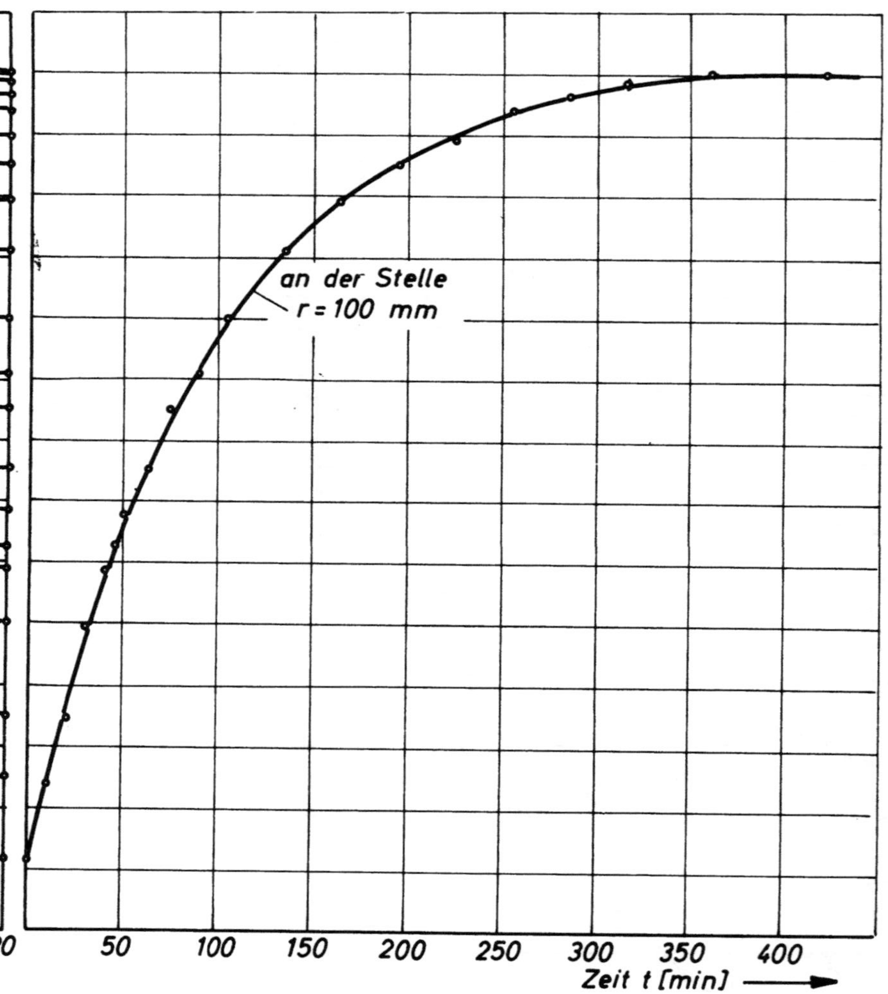

A b b i l d u n g 38

Temperatur einer Meßstelle in Abhängigkeit von der Anheizzeit (Blockaufnehmer 2)

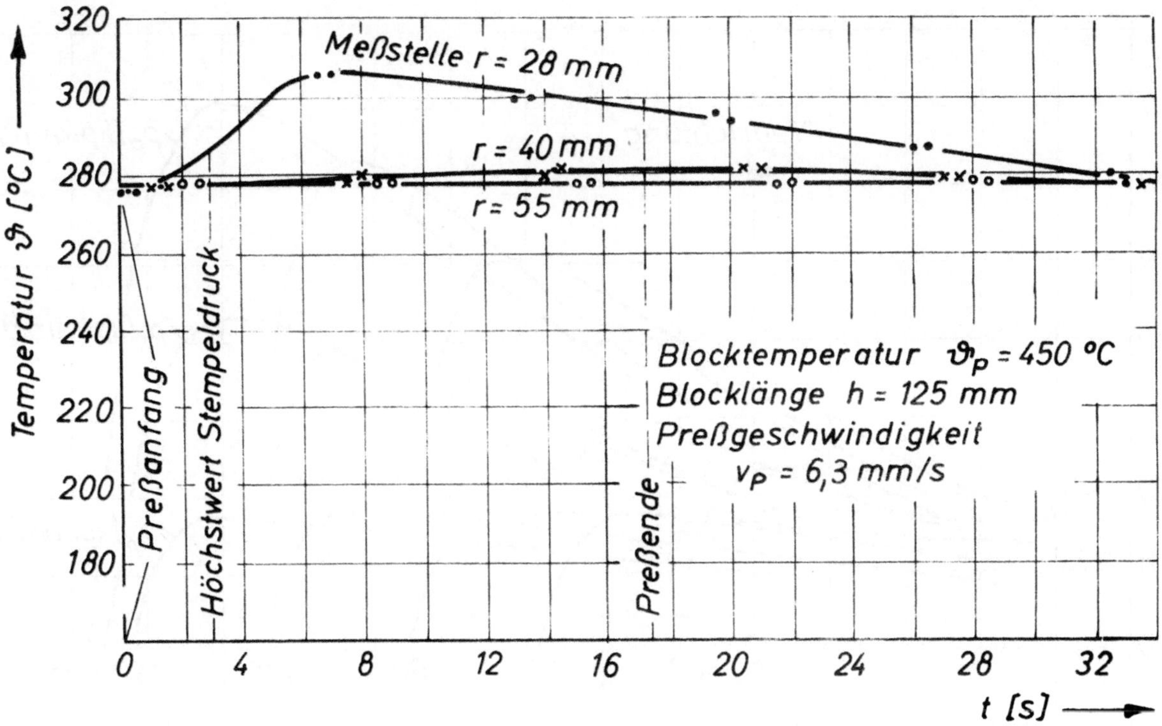

A b b i l d u n g 39

Temperaturverlauf in Abhängigkeit von der Zeit beim Strangpressen von Al 99,5

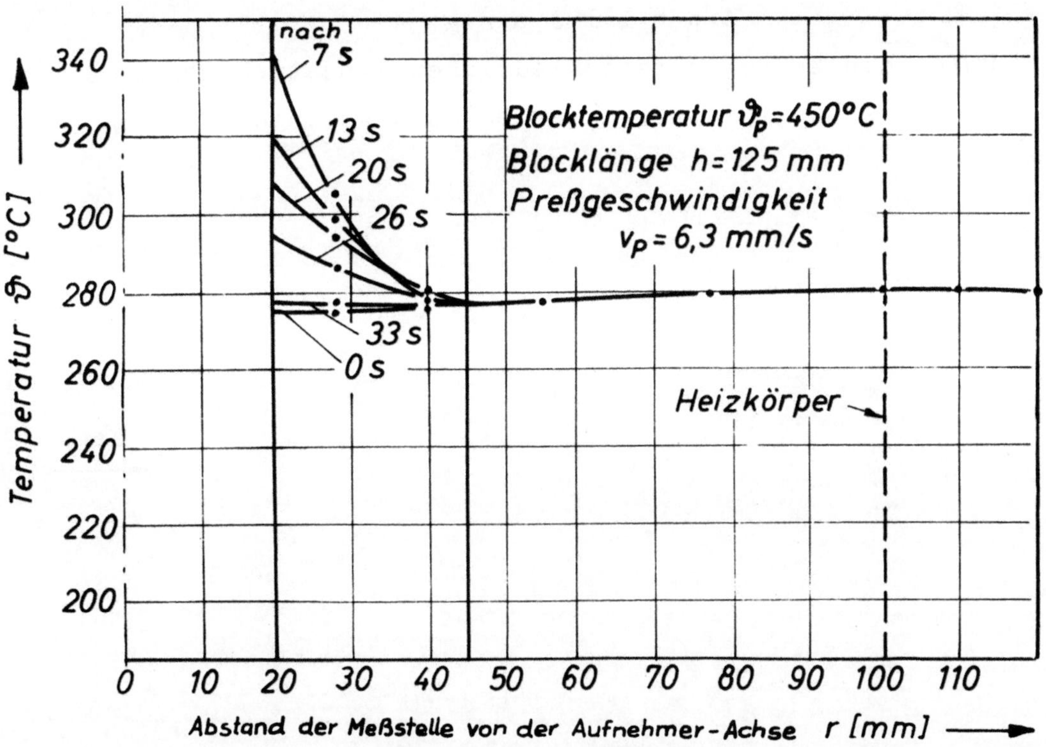

A b b i l d u n g 40

Temperaturverteilung im Blockaufnehmer 2 beim Strangpressen von Al 99,5

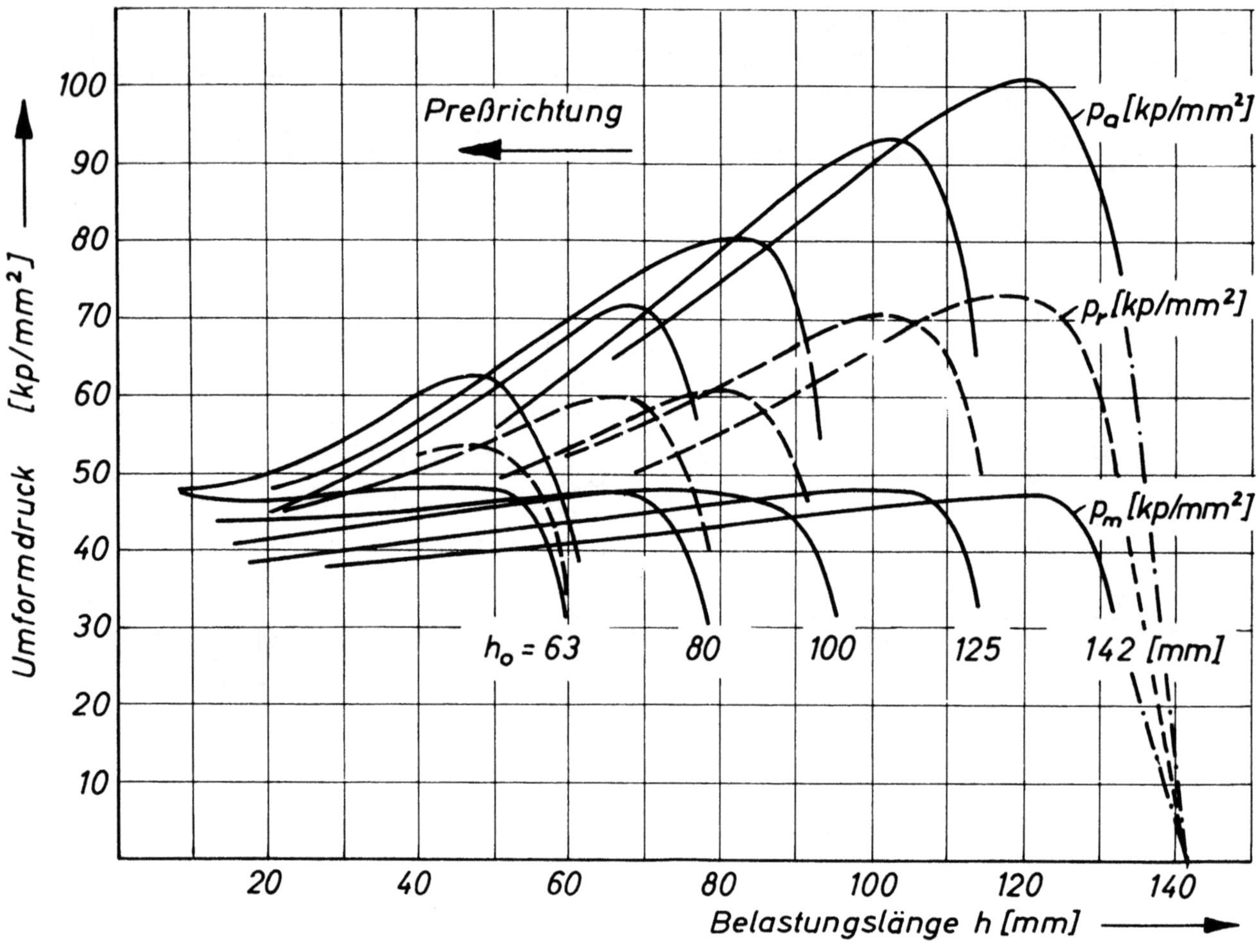

A b b i l d u n g 41

Umformdrücke bei unterschiedlichen Einsatzlängen in Abhängigkeit von der Belastungslänge

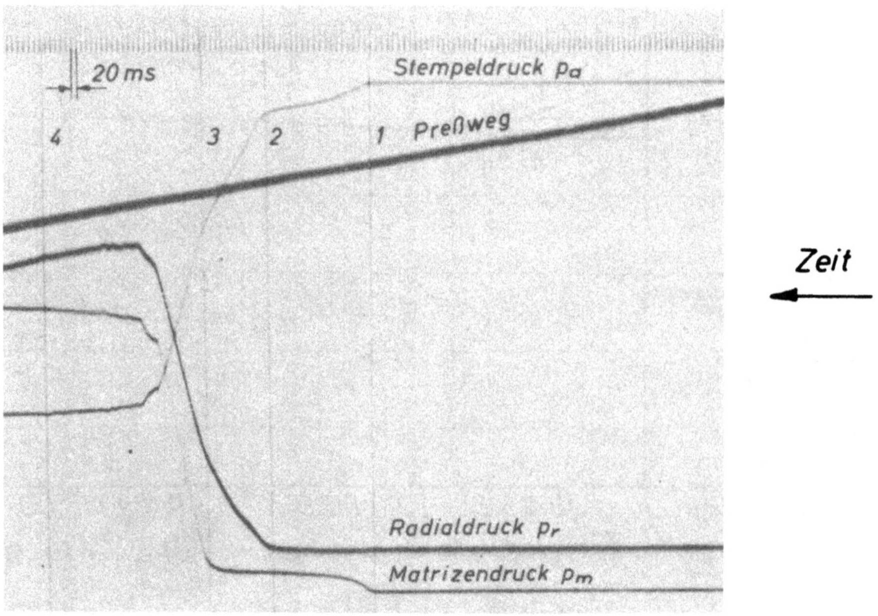

A b b i l d u n g 42

Oszillogramm eines Strangpreß-Versuches (Preß-Anfang)

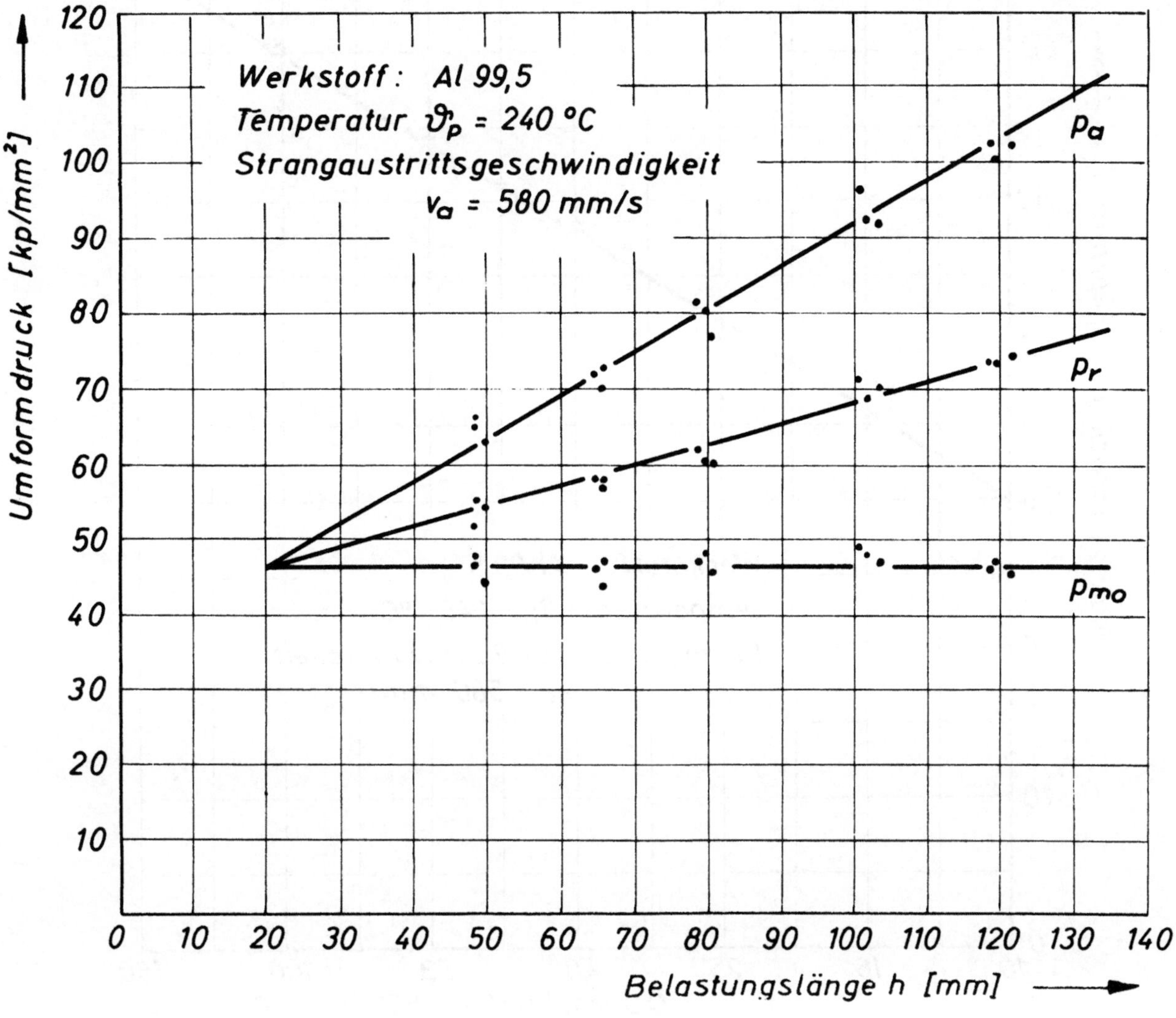

A b b i l d u n g 43

Höchste Umformdrücke von Blöcken verschiedener Einsatzlängen

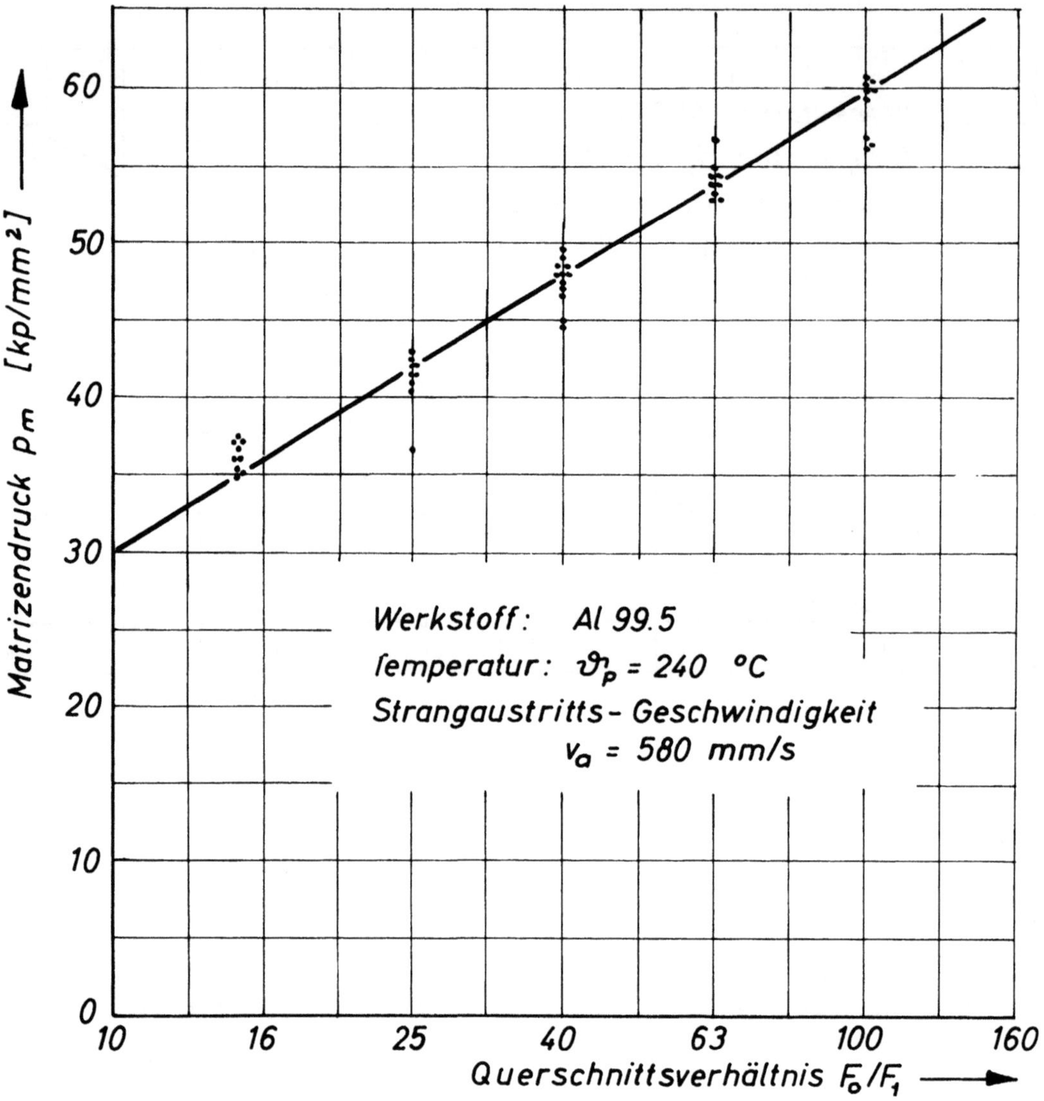

Abbildung 44

Matrizendruck p_m in Abhängigkeit vom Querschnittsverhältnis

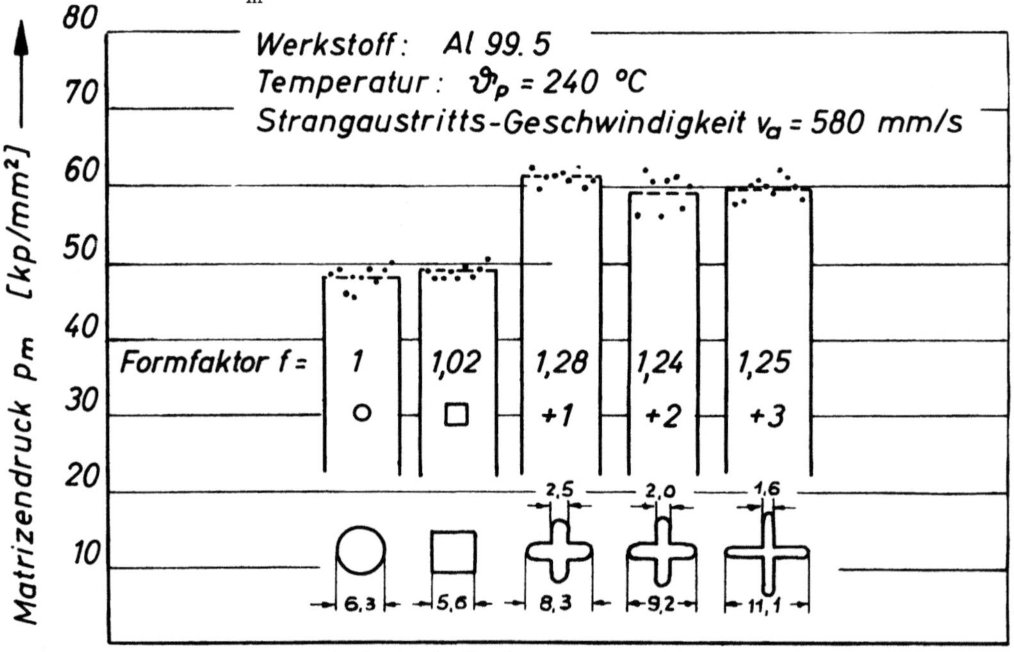

Abbildung 45

Matrizendruck in Abhängigkeit von der Profilform

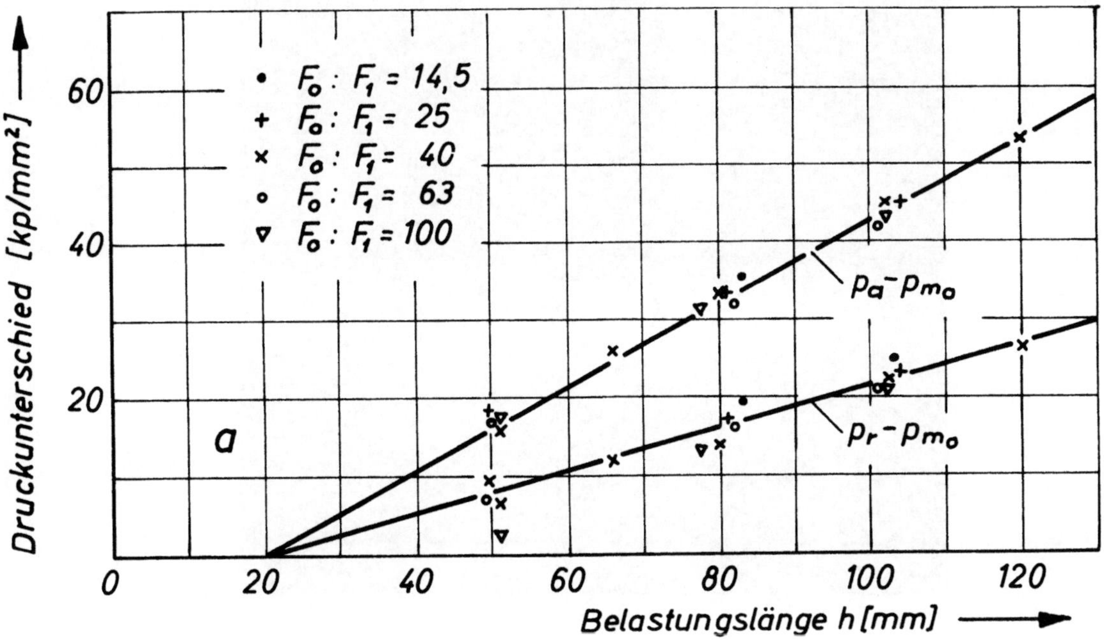

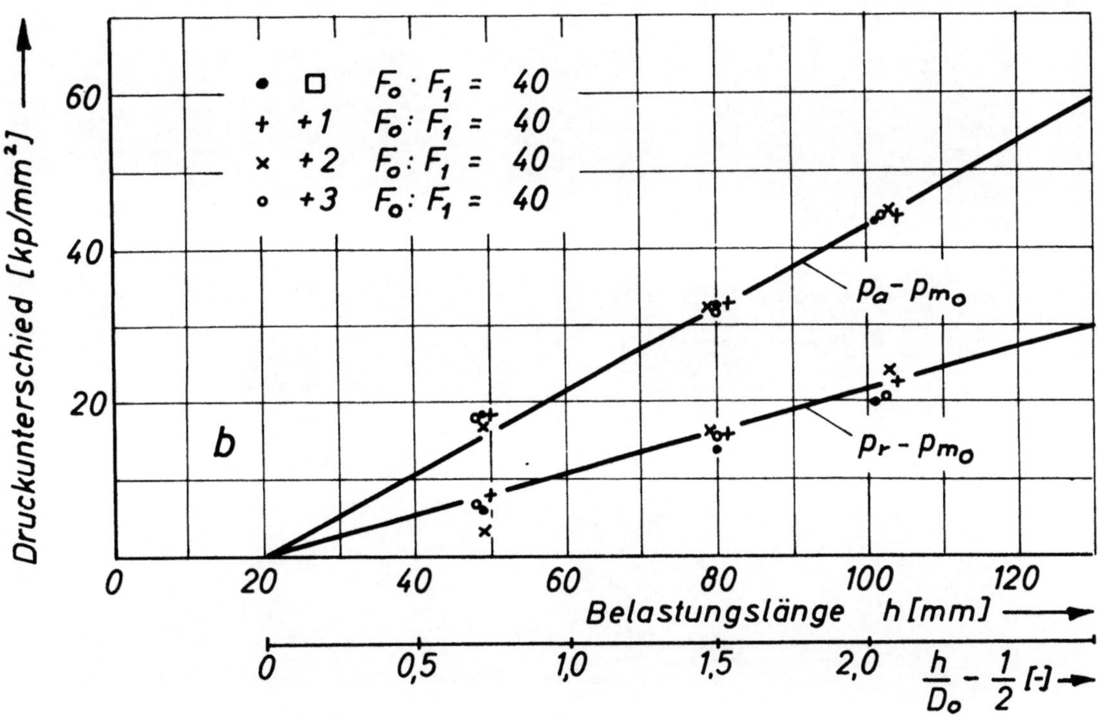

A b b i l d u n g 46

Druckunterschied in Abhängigkeit von der Belastungslänge bei unterschiedlichen Profilformen und -größen (Werkstoff: Al 99,5, Temperatur $\vartheta_P = 240°C$, Strangaustrittsgeschwindigkeit $v_a = 580$ mm/s), Profil-Zeichen siehe Abbildung 45

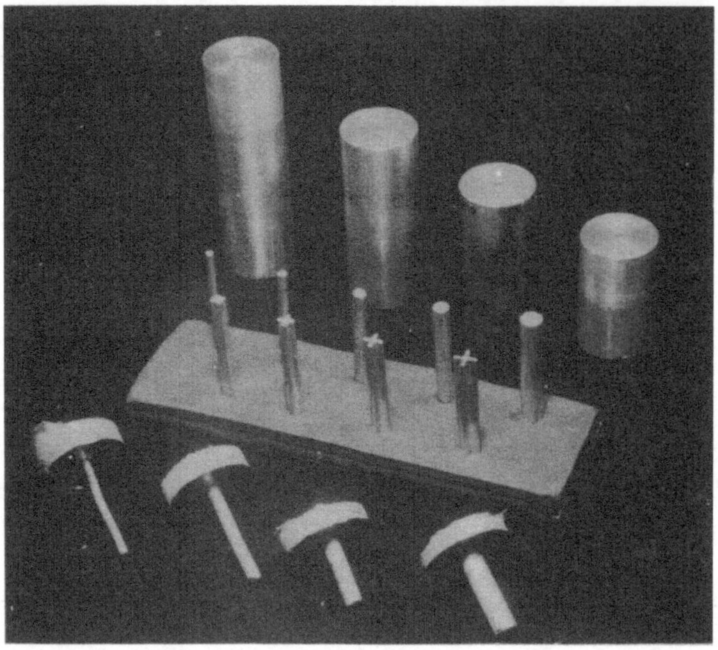

A b b i l d u n g 47
Blöcke, Stränge und Preßreste von Al 99,5

A b b i l d u n g 48
Blöcke, Stränge und Preßreste aus Messing 58
(links) und Kupfer (rechts)

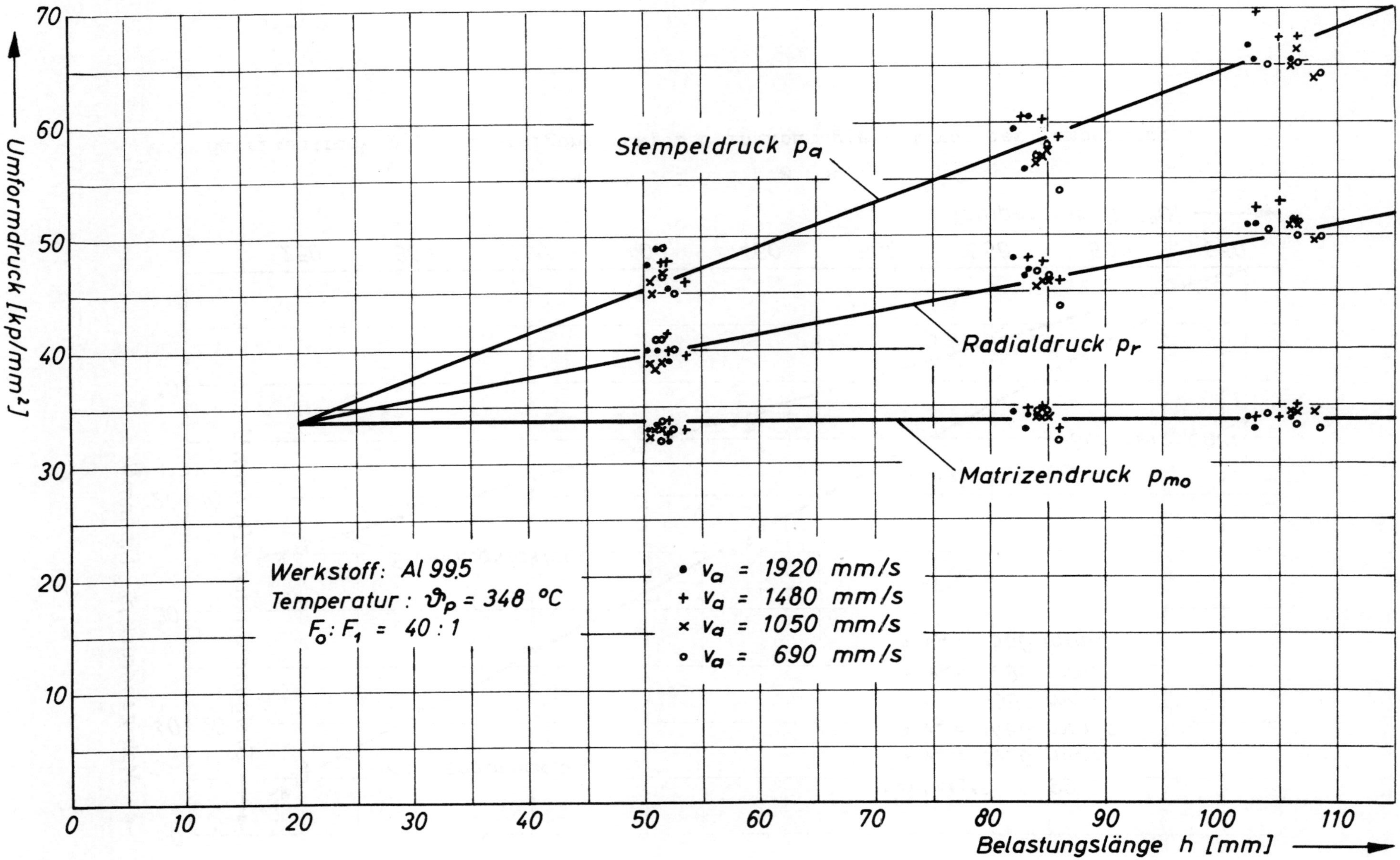

A b b i l d u n g 49

Umformdrücke in Abhängigkeit von der Belastungslänge bei unterschiedlichen Strangaustritts-Geschwindigkeiten

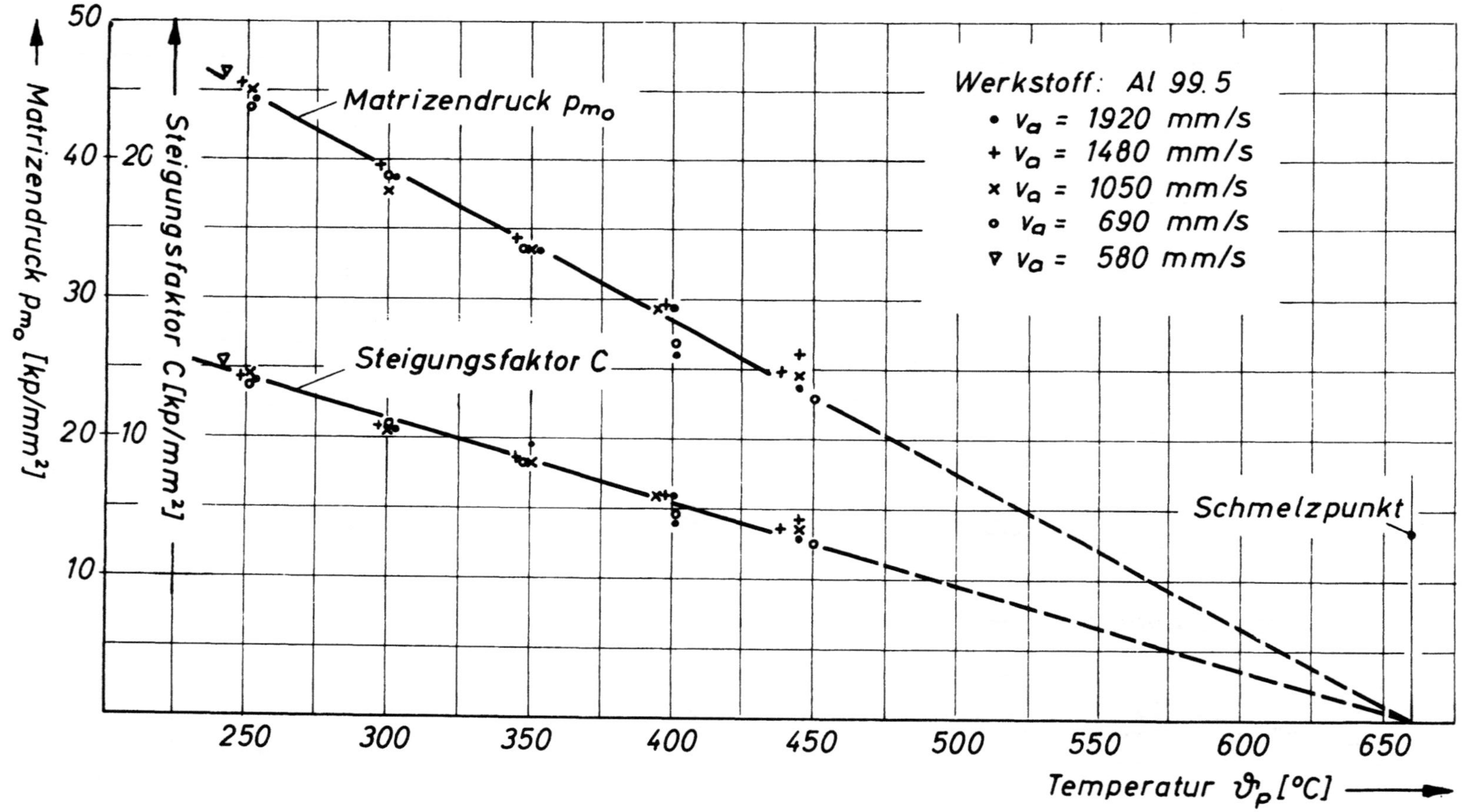

A b b i l d u n g 50

Matrizendruck p_{mo} und Steigungsfaktor C in Abhängigkeit von der Temperatur

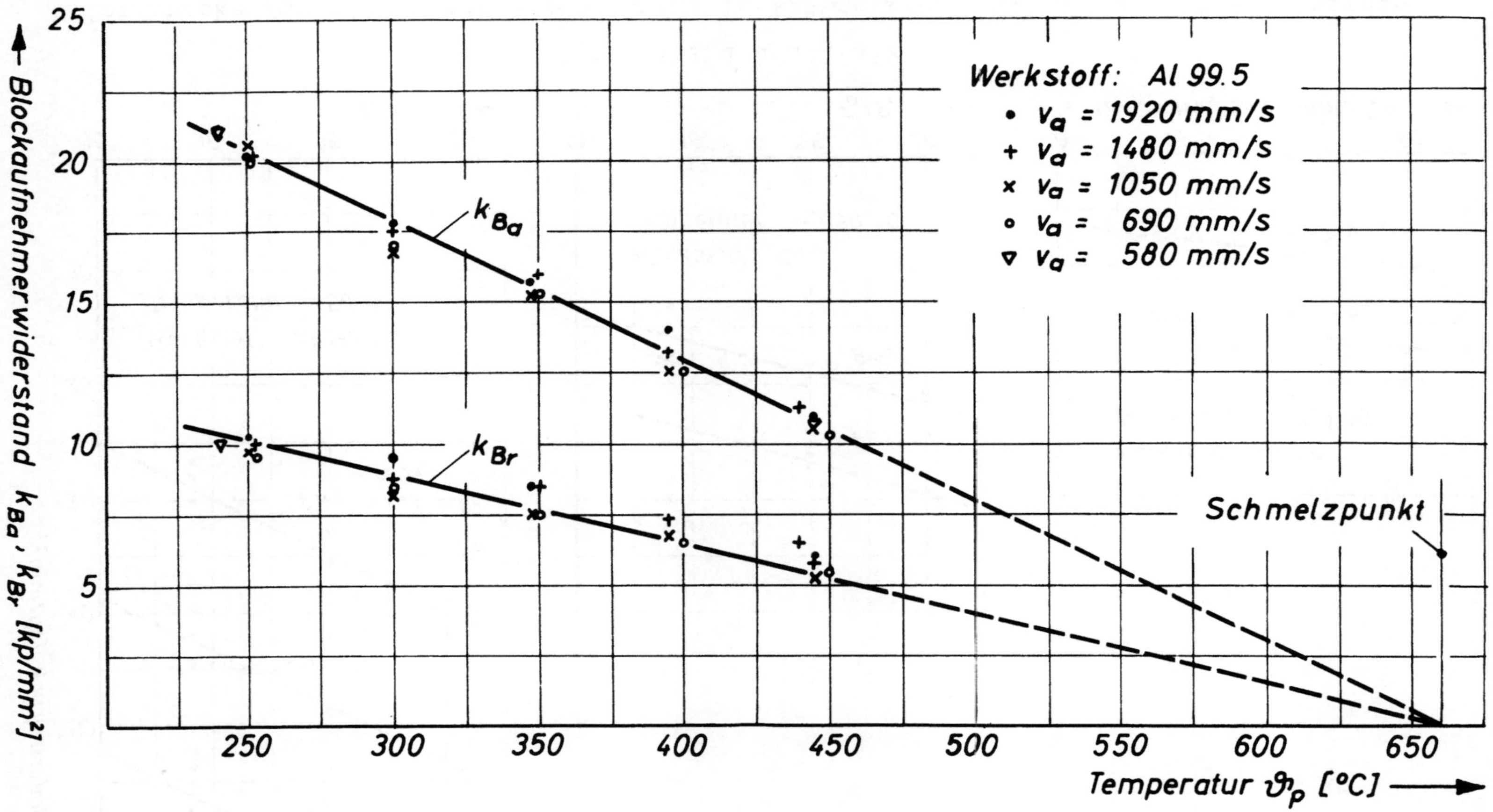

A b b i l d u n g 51

Blockaufnehmerwiderstände k_{Ba} und k_{Br} in Abhängigkeit von der Temperatur

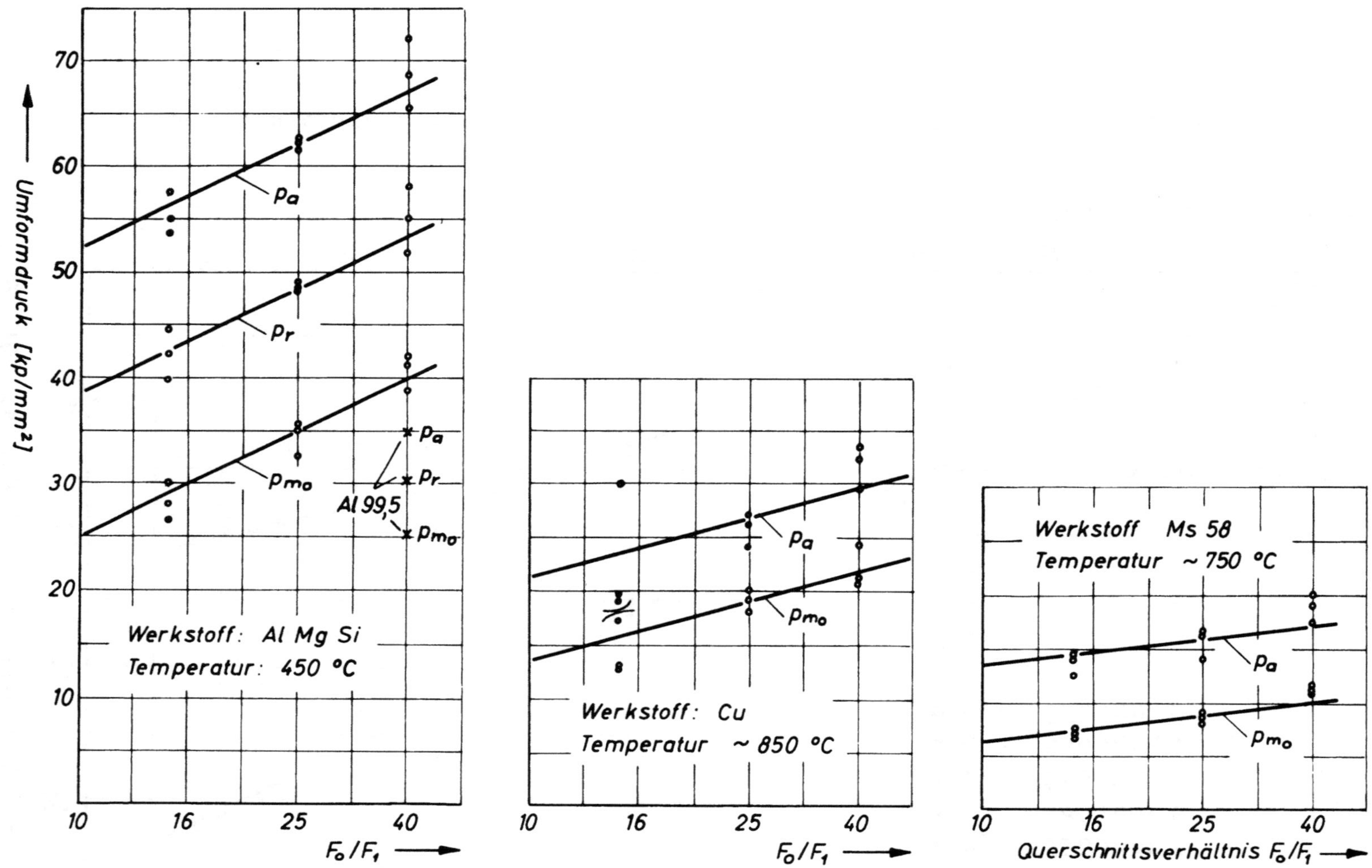

A b b i l d u n g 52

Umformdrücke für verschiedene Werkstoffe in Abhängigkeit vom Querschnittsverhältnis

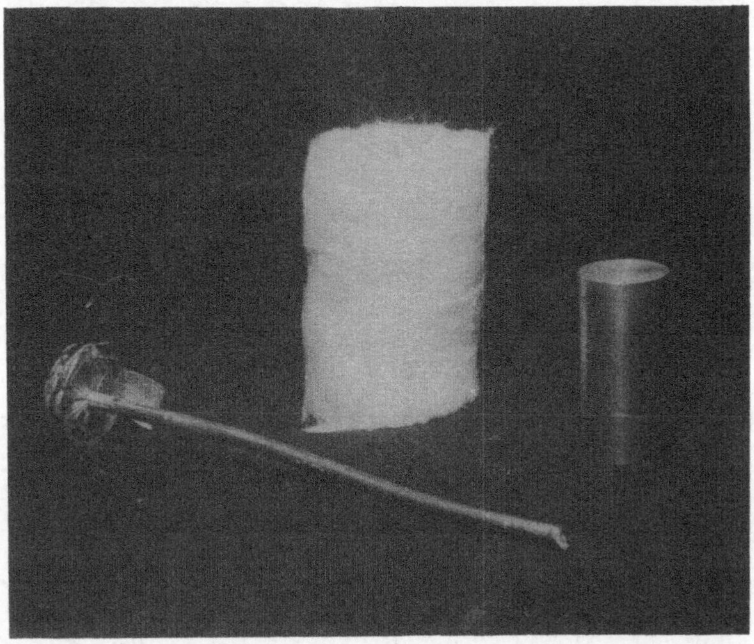

A b b i l d u n g 53
Stahlblock Ck 15, Glaswolle-Mantel
und ausgepreßter Strang

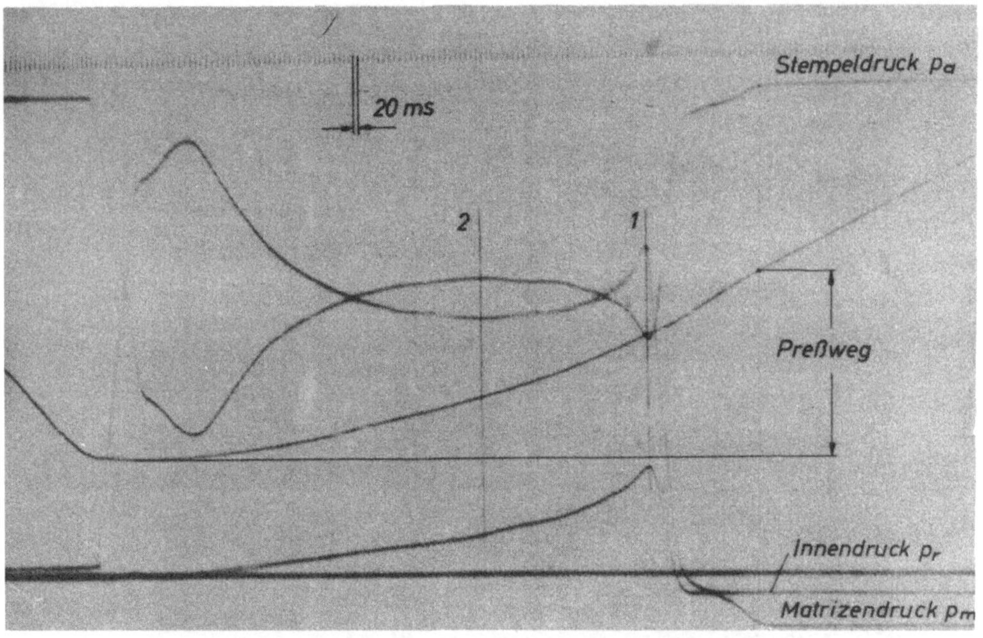

A b b i l d u n g 54

Oszillogramm eines Strangpreßversuches mit Stahl Ck 15

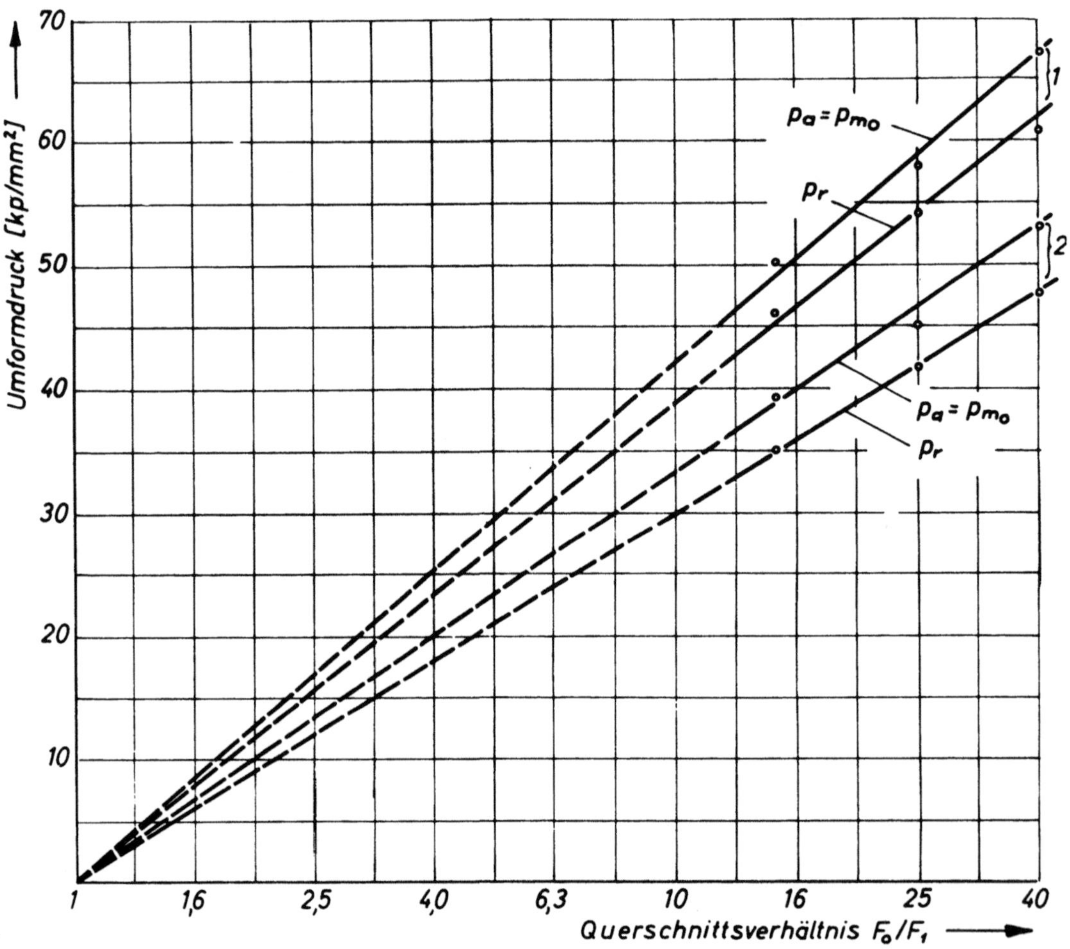

A b b i l d u n g 55

Umformdrücke beim Strangpressen von Stahl Ck 15 in Abhängigkeit vom Querschnittsverhältnis (v_a = 900 [mm/s]; $\vartheta_P \sim$ 950 [°C])

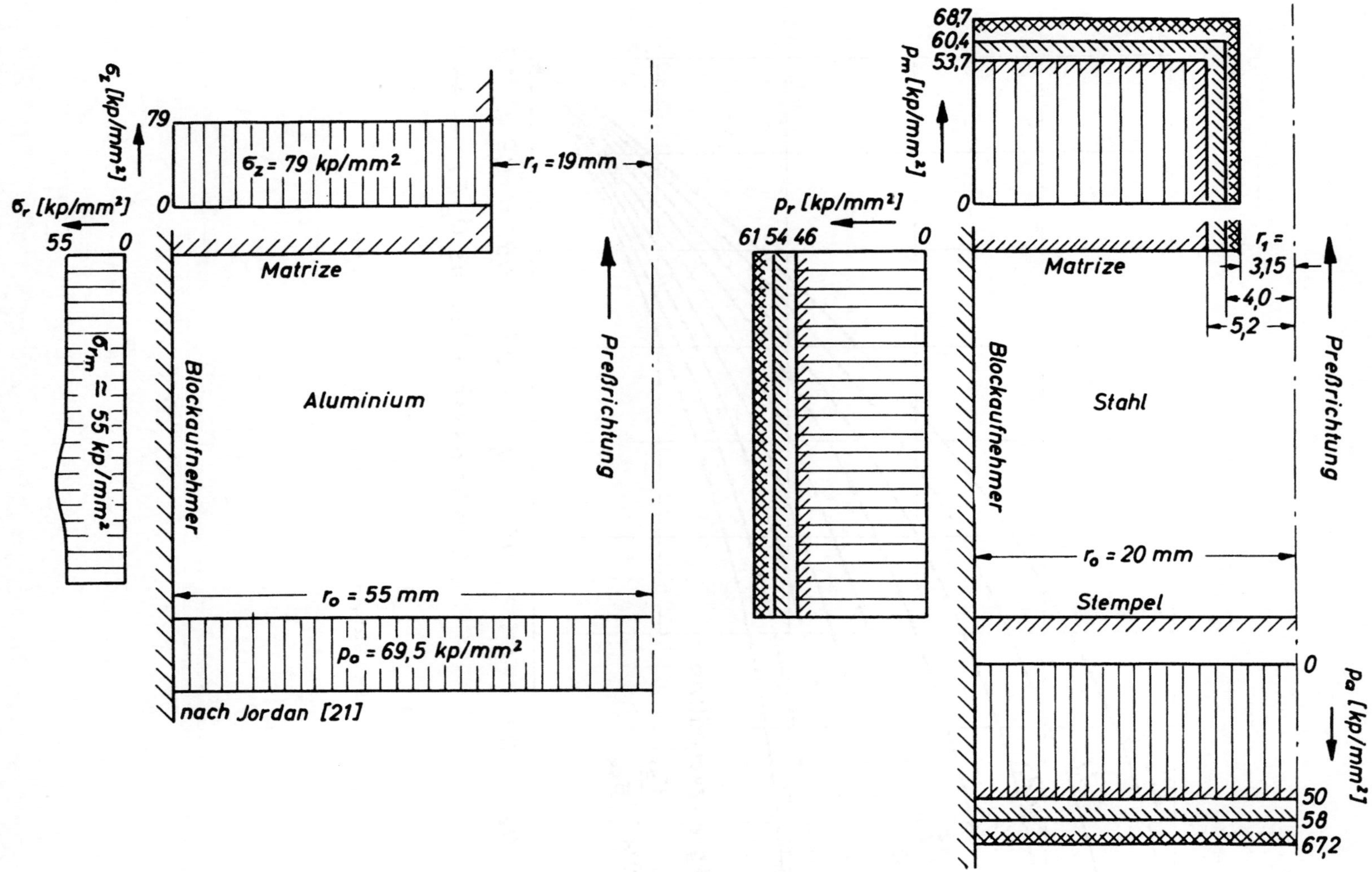

Abbildung 56

Randspannungen beim Strangpressen von Stahl und beim gegenläufigen Fließpressen von Aluminium (99,7 %)

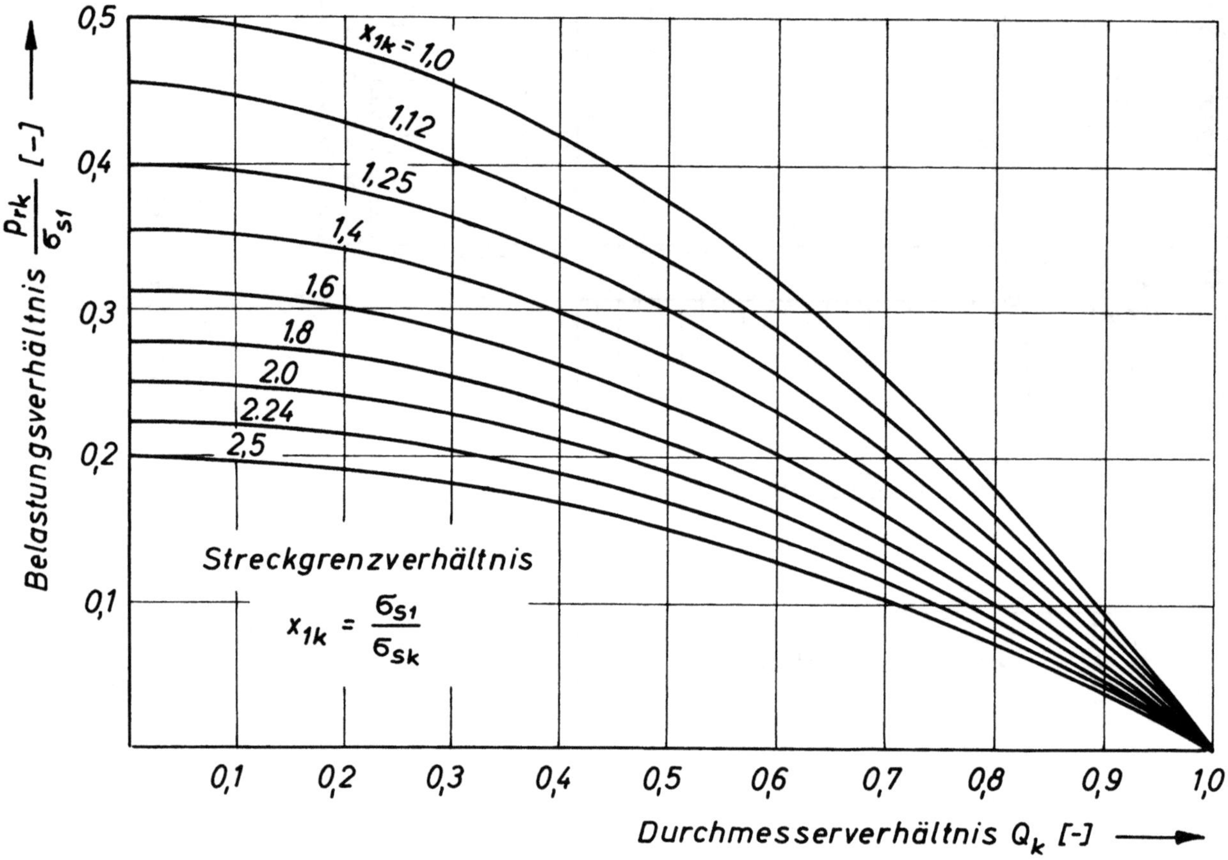

A b b i l d u n g 57

Zulässiges Belastungsverhältnis eines Rohres

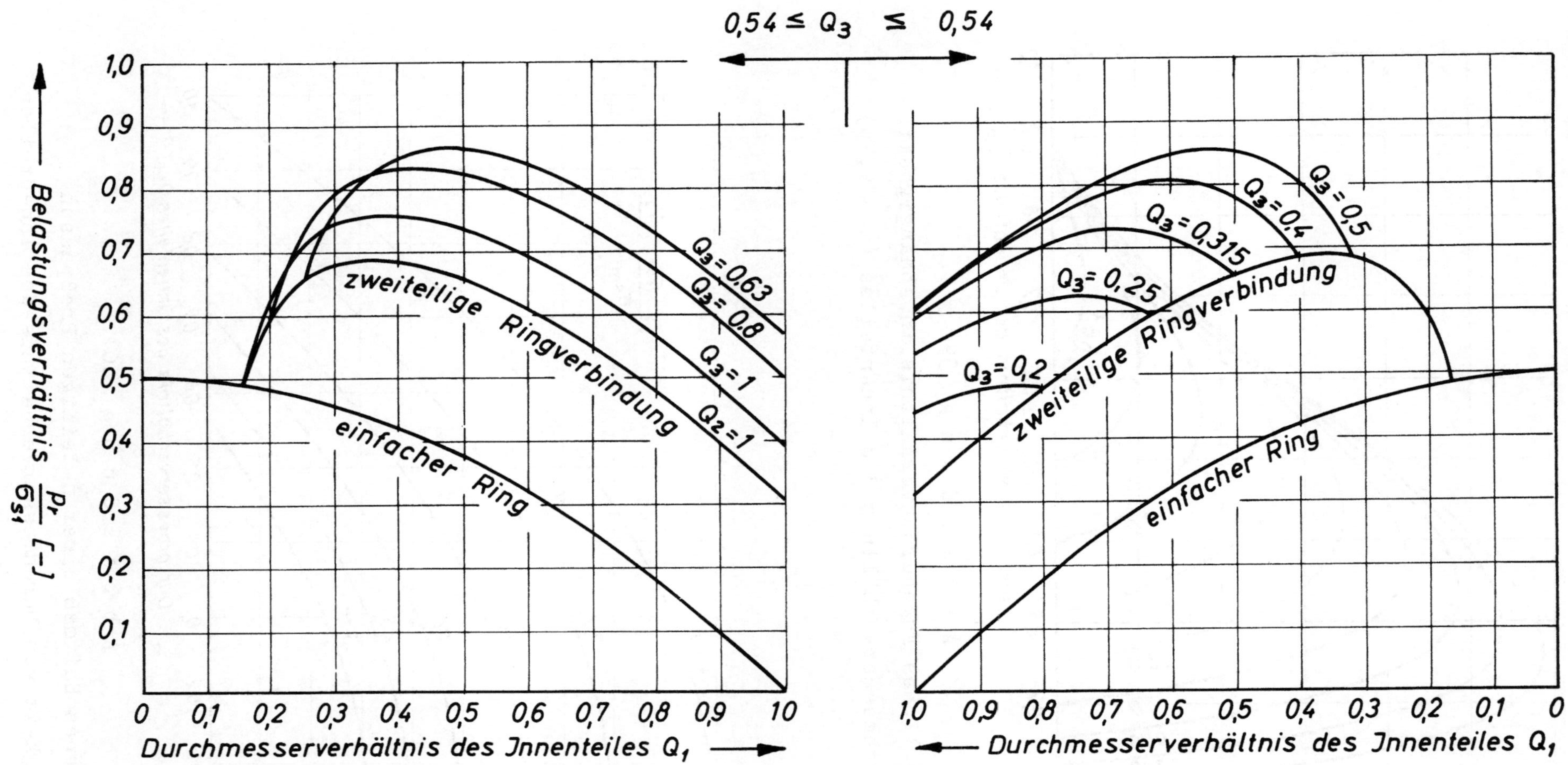

A b b i l d u n g 58

Zulässiges Belastungsverhältnis eines dreiteiligen Blockaufnehmers in Abhängigkeit vom Durchmesserverhältnis des Innenteiles ($Q = 0,16$, $x_{12} = 1,25$, $x_{13} = 1,6$)

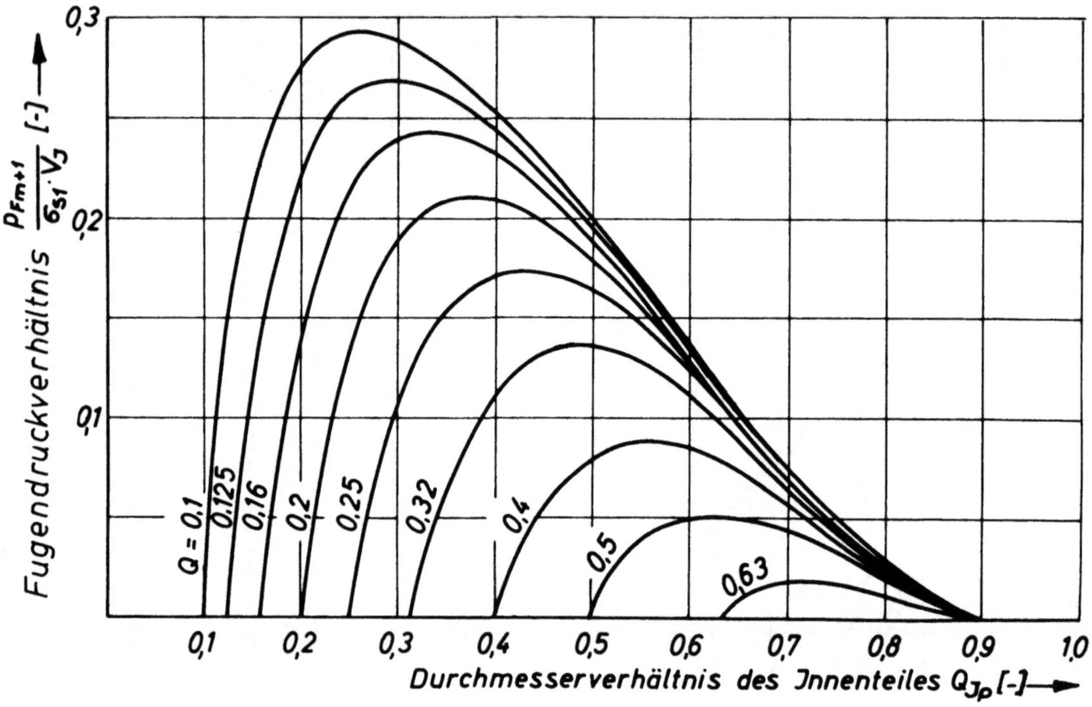

A b b i l d u n g 59

Erforderliches Fugendruckverhältnis in Abhängigkeit vom Durchmesserverhältnis des Innenteiles (x = 1,25)

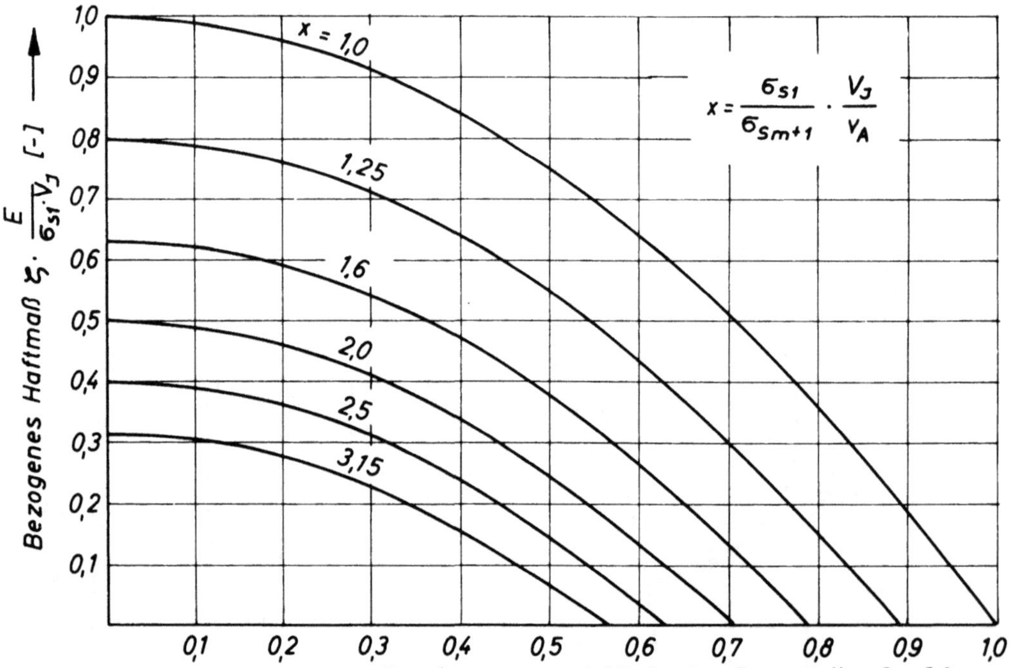

A b b i l d u n g 60

Bezogenes Haftmaß einer n-teiligen Preßpassung in Abhängigkeit vom Durchmesserverhältnis des Innenteiles

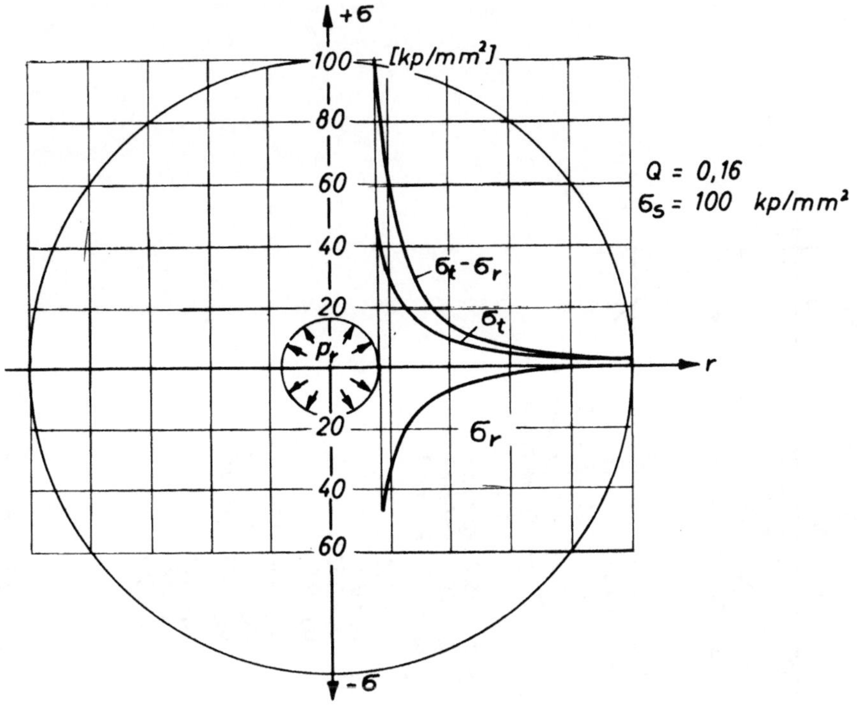

A b b i l d u n g 61

Spannungsverteilung in einem einfachen Ring

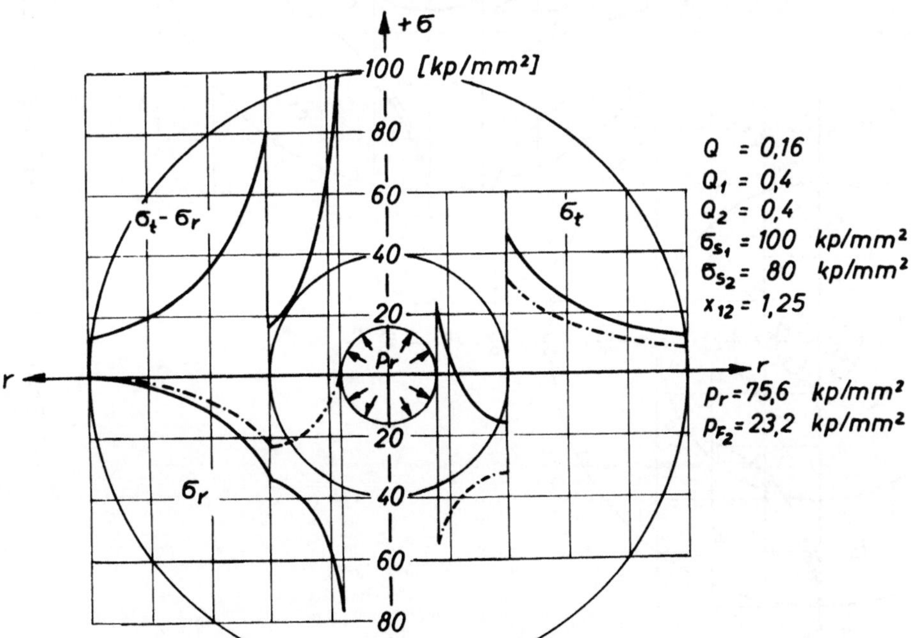

A b b i l d u n g 62

Spannungsverteilung in einer zweiteiligen Ringverbindung

(——— Betriebsspannungen, -.-.-. Vorspannungen)

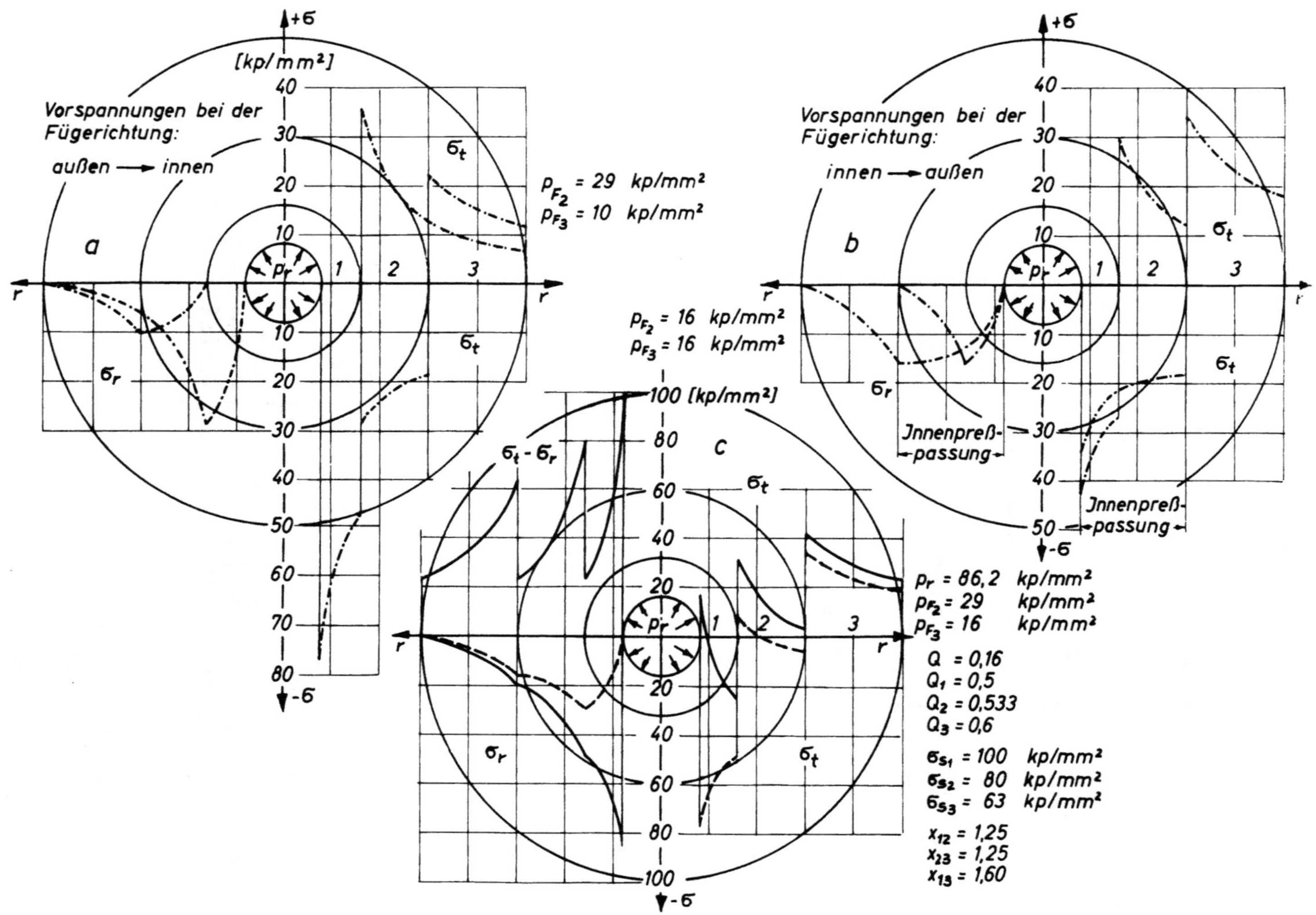

A b b i l d u n g 63

Spannungsverteilung in einer dreiteiligen Ringverbindung

(—— Betriebsspannungen; -·-·- Vorspannungen)

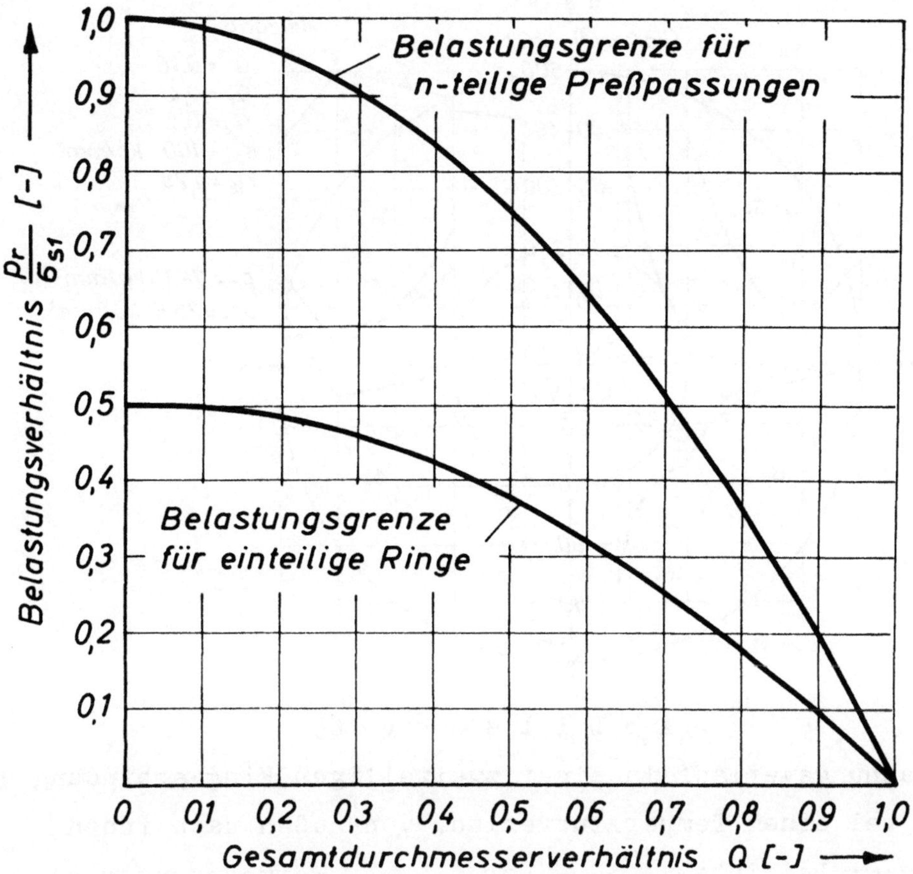

A b b i l d u n g 64

Größtes Belastungsverhältnis für ein- und n-teilige Blockaufnehmer in Abhängigkeit vom Gesamtdurchmesserverhältnis

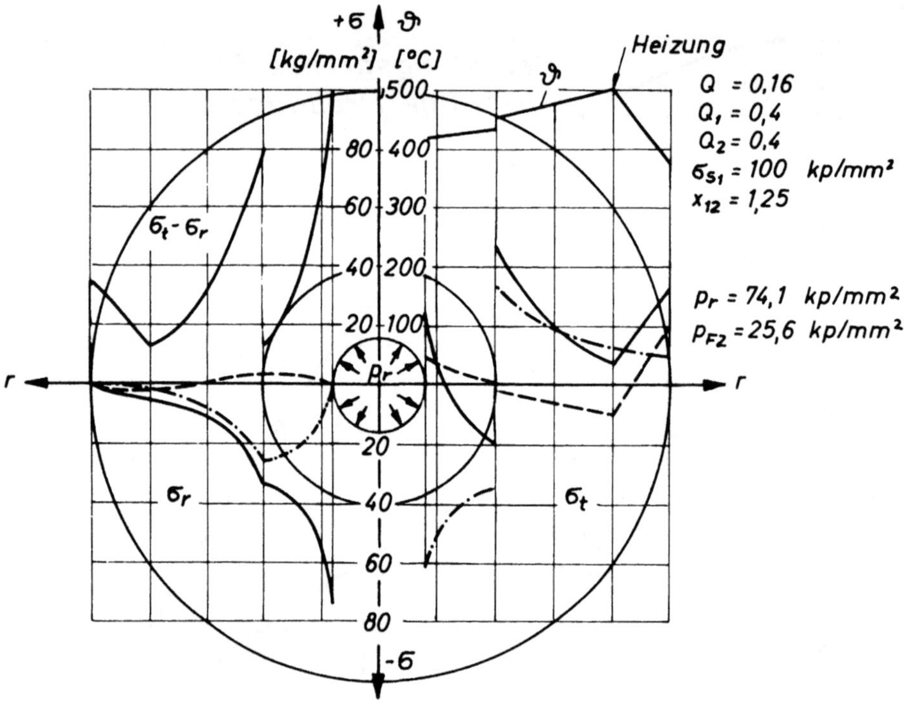

A b b i l d u n g 65

Spannungsverlauf in einer zweiteiligen Ringverbindung bei einem Temperaturverlauf von außen nach innen

(——— Betriebs-, -.-.- Vor-, ----- Wärmespannungen)

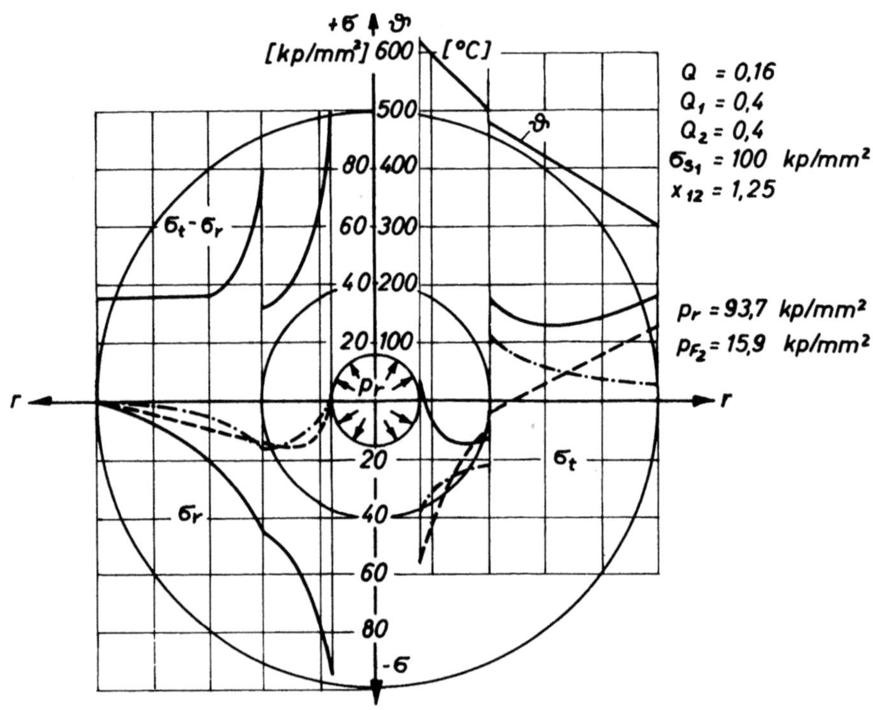

A b b i l d u n g 66

Spannungsverlauf in einer zweiteiligen Ringverbindung bei einem Temperaturgefälle von innen nach außen

(——— Betriebs-, -.-.- Vor-, ----- Wärmespannungen)

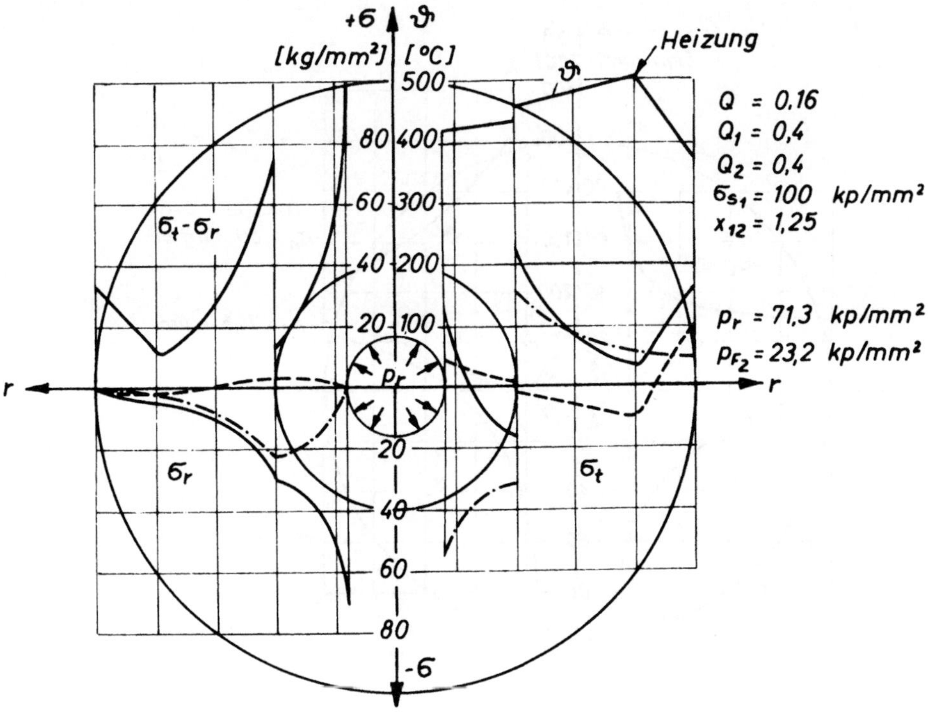

A b b i l d u n g 67

Spannungsverlauf in einer zweiteiligen Ringverbindung bei einem Temperaturgefälle von außen nach innen

(——— Betriebs-, -.-.- Vor-, ----- Wärmespannungen)

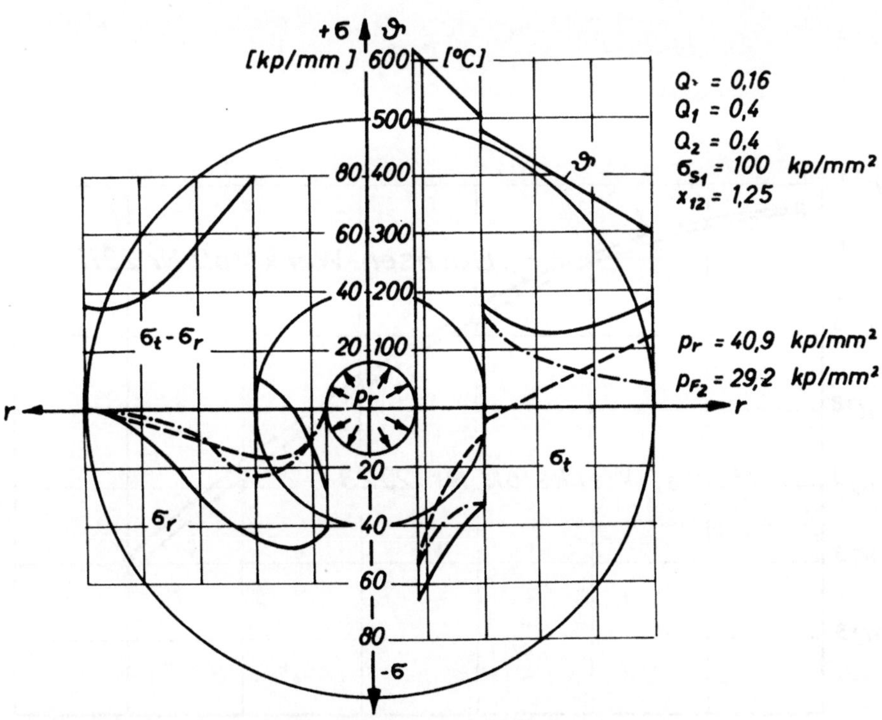

A b b i l d u n g 68

Spannungsverlauf in einer zweiteiligen Ringverbindung bei einem Temperaturgefälle von innen nach außen

(——— Betriebs-, -.-.- Vor-, ----- Wärmespannungen)

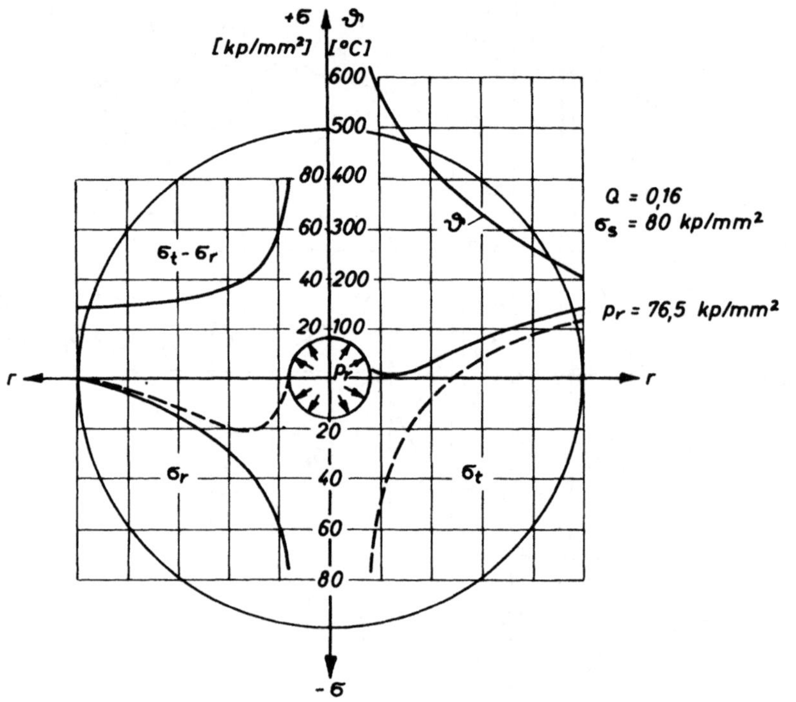

A b b i l d u n g 69

Spannungsverlauf in einem einfachen Ring bei einem Temperaturgefälle von innen nach außen (——— Betriebsspannungen, - - - Wärmespannungen)

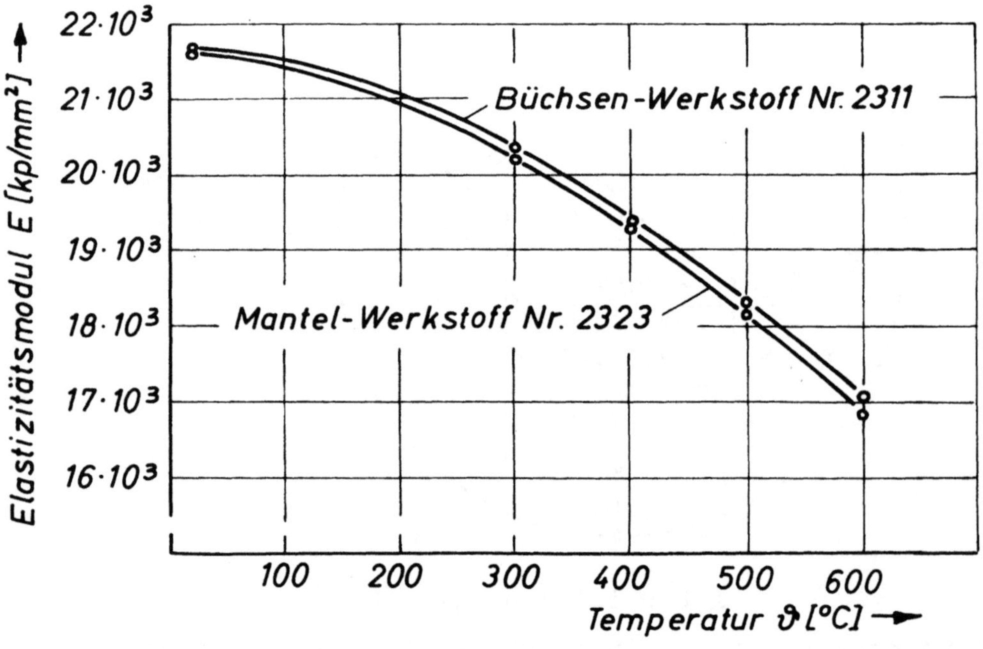

A b b i l d u n g 70

Elastizitätsmodul in Abhängigkeit von der Temperatur

8 Anhang II

1. Versuche haben ergeben, daß der zwischen verdrängtem Werkstoff und Schale auftretende Scherwiderstand nur auf einer bezogenen Länge von h/D_o - 0,5 wirkt.

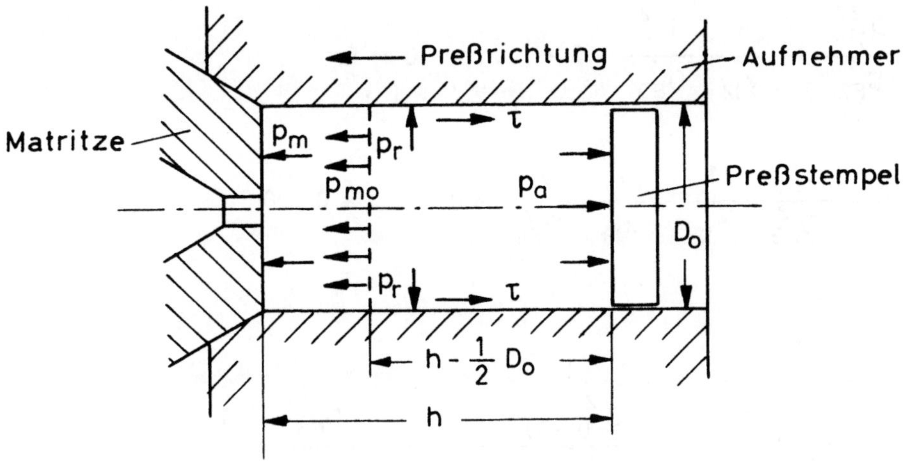

1. $$p_a = p_{mo} + k_{Ba} \cdot \left(\frac{h}{D_o} - \frac{1}{2}\right) \qquad (10)$$

2. $$p_a \cdot \pi \cdot \frac{D_o^2}{4} = p_{mo} \cdot \pi \cdot \frac{D_o^2}{4} + k_{Ba} \cdot \pi \cdot \frac{D_o^2}{4} \cdot \left(\frac{h}{D_o} \cdot \frac{1}{2}\right)$$

3. $$p = p_m + \frac{1}{4} k_{Ba} \cdot \pi \cdot D_o \cdot \left(h - \frac{1}{2} D_o\right)$$

4. $$\tau = \frac{1}{4} k_{Ba}$$

5. $$p = p_m + \tau \cdot \pi \cdot D_o \cdot \left(h - \frac{1}{2} D_o\right)$$

6. $$P = P_m + R$$

2. Partielle Differentiation von Gl. (22)

1. Veränderliche: $D_{Fk} \Big|_{k=2}^{k=n}$

2. $$\frac{p_r}{\sigma_{s1}} = \frac{1-Q_1^2}{2} + \frac{1-Q_2^2}{2x_{12}} + \frac{1-Q_3^2}{2x_{13}} + \ldots + \frac{1-Q_{n-1}^2}{2x_{1(n-1)}} + \frac{1-Q_n^2}{2x_{1n}} \qquad (22)$$

3. $$\frac{\partial \frac{p_r}{\sigma_{s1}}}{\partial D_{Fk}} \Bigg|_{k=2}^{k=n} = 0$$

Gleichung (22) wird umgeformt:

4. $$\frac{p_r}{\sigma_{s1}} = \frac{1-\frac{D_{1i}^2}{D_{F2}^2}}{2} + \frac{1-\frac{D_{F2}^2}{D_{F3}^2}}{2x_{12}} + \frac{1-\frac{D_{F3}^2}{D_{F4}^2}}{2x_{13}} + \dots + \frac{1-\frac{D_{F(n-1)}}{D_{Fn}^2}}{2x_{1(n-1)}} + \frac{1-\frac{D_{Fn}^2}{D_{na}^2}}{2x_{1n}} \qquad (22)$$

5. $$\frac{\partial \frac{p_r}{\sigma_{s1}}}{\partial D_{F2}} = \frac{D_{1i}^2}{D_{F2}^2} - \frac{1}{x_{12}} \frac{D_F^2}{D_{F3}^2} + 0 + \dots + 0 = 0$$

6. $$\frac{\partial \frac{p_r}{\sigma_{s1}}}{\partial D_{F3}} = 0 + \frac{D_{F2}^2}{D_{F3}^3} \cdot \frac{1}{x_{12}} - \frac{1}{x_{13}} \cdot \frac{D_{F3}}{D_{F4}^2} + 0 + \dots + 0 = 0$$

⋮

7. $$\frac{\partial \frac{p_r}{\sigma_{s1}}}{\partial D_{Fn}} = 0 + 0 + 0 + \dots + \frac{D_{F(n-1)}^2}{D_{Fn}^3} \cdot \frac{1}{x_{1(n-1)}} - \frac{D_{Fn}}{D_{na}^2} \cdot \frac{1}{x_{1n}} = 0$$

Durch Auflösung der Beziehungen in Zeile 5 bis 7 erhalten wir folgende Gleichungen:

8. $$\frac{D_{1i}^2}{D_{F2}^2} \cdot x_{12} = \frac{D_{F2}^2}{D_{F3}^2} = Q_2^2 \longrightarrow Q_2 = \sqrt{x_{12}} \cdot Q_1 \qquad (24)$$

9. $$\frac{D_{F2}^2}{D_{F3}^2} \cdot \frac{x_{13}}{x_{12}} = \frac{D_{F3}^2}{D_{F4}^2} = Q_3^2 \longrightarrow Q_3 = \sqrt{\frac{x_{13}}{x_{12}}} \cdot Q_2 = \sqrt{x_{23}} \cdot Q_2 \qquad (24)$$

⋮

10. $$\frac{D_{Fn-1}^2}{D_{Fn}^2} \cdot \frac{x_{1n}}{x_{1(n-1)}} = \frac{D_{Fn}^2}{D_{na}^2} = Q_n^2 \longrightarrow Q_n = \sqrt{\frac{x_{1n}}{x_{1(n-1)}}} \cdot Q_{n-1} = \sqrt{x_{n(n-1)}} \cdot Q_{n-1} \qquad (24)$$

FORSCHUNGSBERICHTE DES LANDES NORDRHEIN-WESTFALEN

Herausgegeben
im Auftrage des Ministerpräsidenten Dr. Franz Meyers
von Staatssekretär Professor Dr. h. c., Dr. E. h. Leo Brandt

FERTIGUNG

HEFT 11
Laboratorium für Werkzeugmaschinen und Betriebslehre, Technische Hochschule Aachen
1. Untersuchungen über Metallbearbeitung im Fräsvorgang mit Hartmetallwerkzeugen und negativem Spanwinkel
2. Weiterentwicklung des Schleifverfahrens für die Herstellung von Präzisionswerkstücken unter Vermeidung hoher Temperaturen
3. Untersuchung von Oberflächenveredlungsverfahren zur Steigerung der Belastbarkeit hochbeanspruchter Bauteile
1953, 80 Seiten, 61 Abb., DM 15,75

HEFT 47
Prof. Dr.-Ing. K. Krekeler, Aachen
Versuche über die Anwendung der induktiven Erwärmung zum Sintern von hochschmelzenden Metallen sowie zur Anlegierung und Vergütung von aufgespritzten Metallschichten mit dem Grundwerkstoff
1954, 66 Seiten, 39 Abb., 11 Tabellen, DM 13,90

HEFT 53
Prof. Dr.-Ing. H. Opitz, Aachen
Reibwert und Verschleißmessungen an Kunststoffgleitführungen für Werkzeugmaschinen
1954, 38 Seiten, 18 Abb., DM 8,20

HEFT 66
Dr.-Ing. P. Füsgen VDI †, Düsseldorf
Untersuchungen über das Auftreten des Ratterns bei selbsthemmenden Schneckengetrieben und seine Verhütung
1954, 32 Seiten, 5 Abb., DM 6,60

HEFT 86
Prof. Dr.-Ing. H. Opitz, Aachen
Untersuchungen über das Fräsen von Baustahl sowie über den Einfluß des Gefüges auf die Zerspanbarkeit
1954, 108 Seiten, 73 Abb., 7 Tabellen, DM 22,—

HEFT 99
Prof. Dr. G. Garbotz, Aachen
Der Kraft- und Arbeitsaufwand sowie die Leistungen beim Biegen von Bewehrungsstählen in Abhängigkeit von den Abmessungen, den Formen und der Güte der Stähle (Ermittlung von Leistungsrichtlinien)
1955, 136 Seiten, 53 Abb., 3 Anlagen, 18 Tabellen, DM 30,—

HEFT 101
Prof. Dr.-Ing. H. Opitz, Aachen
Wirtschaftlichkeitsbetrachtungen beim Außenrundschleifen
1955, 100 Seiten, 56 Abb., 3 Tabellen, DM 19,30

HEFT 112
Prof. Dr.-Ing. H. Opitz, Aachen
Verschleißmessungen beim Drehen mit aktivierten Hartmetallwerkzeugen
1954, 44 Seiten, 17 Abb., 6 Tabellen, DM 8,80

HEFT 135
Prof. Dr.-Ing. K. Krekeler und Dr.-Ing. H. Peukert, Aachen
Die Änderung der mechanischen Eigenschaften thermoplastischer Kunststoffe durch Warmrecken
1955, 54 Seiten, 27 Abb., DM 11,10

HEFT 207
Prof. Dr.-Ing. H. Opitz, Dipl.-Ing. K. H. Fröhlich und Dipl.-Ing. H. Siebel, Aachen
Richtwerte für das Fräsen von unlegierten und legierten Baustählen mit Hartmetall. I. Teil
1956, 48 Seiten, 27 Abb., 3 Tabellen, DM 11,10

HEFT 215
Prof. Dr.-Ing. H. Opitz und Dr.-Ing. G. Weber, Aachen
Einfluß der Wärmebehandlung von Baustählen auf Spanentstehung, Schnittkraft- und Standzeitverhalten
1956, 70 Seiten, 30 Abb., 11 Tabellen, DM 18,40

HEFT 232
Prof. Dr.-Ing. O. Kienzle, Hannover, und Dr.-Ing. H. Münnich, Schweinfurt
Feststellung der Spannungen und Dehnungen und Bruchdrehzahlen der unter Fliehkraft und Bearbeitungskraft beanspruchten Schleifkörper
1957, 130 Seiten, 67 Abb., 12 Tabellen, DM 31,35

HEFT 245
Prof. Dr.-Ing. habil. K. Krekeler, Aachen
Das Verbinden von Metallen durch Kunstharzkleber. Teil I: Eigenschaften und Verwendung der Metallklebstoffe
1956, 48 Seiten, 8 Abb., DM 10,25

HEFT 246
Prof. Dr.-Ing. habil. K. Krekeler, Aachen
Das Verbinden von Metallen durch Kunstharzkleber. Teil II: Untersuchungen an geklebten Leichtmetall-Verbindungen
1956, 80 Seiten, 40 Abb., DM 17,50

HEFT 262
Dr.-Ing. W. Batel, Aachen
Untersuchungen zur Absiebung feuchter, feinkörniger Haufwerke und Schwingsieben
1956, 90 Seiten, 45 Abb., 22 Diagramme, 5 Tabellen, DM 23,40

HEFT 271
Prof. Dr.-Ing. H. Opitz und Dipl.-Ing. H. Axer, Aachen
Beeinflussung des Verschleißverhaltens bei spanenden Werkzeugen durch flüssige und gasförmige Kühlmittel und elektrische Maßnahmen
1956, 46 Seiten, 28 Abb., DM 10,70

HEFT 284
Prof. Dr. F. Wever, Düsseldorf
Dr.-Ing. H. J. Wiester, Essen,
Dr.-Ing. F. W. Straßburg, Duisburg,
Prof. Dr.-Ing. H. Opitz, Aachen, und
Dr.-Ing. K. H. Fröhlich, Köln
Einfluß des Gefüges auf die Zerspanbarkeit von Einsatz und Vergütungsstählen
1957, 88 Seiten, 126 Abb., 11 Tabellen, DM 22,45

HEFT 287
Prof. Dr.-Ing. habil. K. Krekeler, Aachen
Änderungen der mechanischen Eigenschaftswerte thermoplastischer Kunststoffe bei Beanspruchung in verschiedenen Medien
1956, 62 Seiten, 23 Abb., 5 Tabellen, DM 13,70

HEFT 288
Dr. K. Brücker-Steinkuhl, Düsseldorf
Anwendung mathematisch-statischer Verfahren in der Industrie
1956, 103 Seiten, 27 Abb., 14 Tabellen, DM 24,20

HEFT 295
Prof. Dr.-Ing. H. Opitz und Dipl.-Ing. H. Axer, Aachen
Untersuchung und Weiterentwicklung neuartiger elektrischer Bearbeitungsverfahren
1956, 42 Seiten, 27 Abb., DM 10,30

HEFT 296
Prof. Dr.-Ing. H. Opitz, Aachen
I. Untersuchungen an elektronischen Regelantrieben
II. Statische Untersuchungen zur Ausnutzung von Drehbänken
1956, 46 Seiten, 18 Abb., DM 10,40

HEFT 304
Prof. Dr.-Ing. K. Krekeler, Düsseldorf, und Dipl.-Ing. A. Kleine-Albers, Aachen
Beitrag zur thermoelastischen Warmformbarkeit von Hart-PVC
1957, 72 Seiten, 29 Abb., DM 17,70

HEFT 320
Dr. H.-E. Caspary, Köln
Verwendung von Szintillationszählern an Stelle von Zählrohren zur zerstörungsfreien Materialprüfung
1956, 42 Seiten, 13 Abb., 2 Tabellen, DM 10,10

HEFT 324
Prof. Dr.-Ing. H. Opitz, Priv.-Doz. Dr.-Ing. E. Saljé und Dipl.-Ing. K. E. Schwartz, Aachen
Richtwerte für das Außenrund-Längs- und Einstechschleifen
1956, 62 Seiten, 44 Abb., 2 Tabellen, DM 13,85

HEFT 327
Prof. Dr.-Ing. habil. K. Krekeler und Dr.-Ing. H. Peukert, Aachen
Beitrag zur thermoelastischen Formbarkeit von Polyäthylen
1956, 56 Seiten, 49 Abb., 9 Tabellen, DM 12,80

HEFT 350
Prof. Dr.-Ing. habil. K. Krekeler und Dr.-Ing. H. Peukert, Aachen
Das Spannungsverhalten der Kunststoffe bei der Verarbeitung
1958, 24 Seiten, 12 Abb., DM 20,—

HEFT 351
Prof. Dr.-Ing. H. Opitz, Dipl.-Ing. H. Axer und Dipl.-Ing. H. Rhode, Aachen
Zerspanbarkeit hochwarmfester und nichtrostender Stähle. Teil I
1957, 96 Seiten, 73 Abb., 2 Tabellen, DM 21,80

HEFT 385
Prof. Dr.-Ing. H. Opitz, Dr.-Ing. H. Axer und Dipl.-Ing. H. Rohde, Aachen
Zerspanbarkeit hochwarmfester und nichtrostender Stähle. Teil II
1957, 86 Seiten, 54 Abb., 5 Tabellen, DM 19,30

HEFT 386
Prof. Dr.-Ing. H. Opitz und Dipl.-Ing. O. Hake, Aachen
Standzeituntersuchungen und Verschleißmessungen mit radioaktiven Isotopen
1958, 36 Seiten, 33 Abb., 3 Tabellen, DM 12,75

HEFT 395
Dipl.-Ing. L. Hahn, Clausthal-Zellerfeld
Untersuchungen zur Frage des optimalen Bohrloch- und Patronendurchmessers
1957, 132 Seiten, 49 Abb., 19 Tabellen, DM 31,25

HEFT 405
Prof. Dr.-Ing. H. Opitz und Dipl.-Ing. H. Schuler, Aachen
Untersuchungen für einen Wirtschaftlichkeitsvergleich der Feinbearbeitungsverfahren
1958, 72 Seiten, 43 Abb., DM 17,90

HEFT 406
W. Kirsch, Chemieprodukte GmbH., Leverkusen-Rheindorf
Entwicklungsarbeiten auf dem Gebiete des Korrosionsschutzes und der Abdichtung
1957, 76 Seiten, 28 Abb., 11 Tabellen, DM 19,—

HEFT 408
Prof. Dr. phil. F. Wever, Dr.-Ing. W. Lueg und Dr.-Ing. H. G. Müller, Düsseldorf
Kraft- und Arbeitsbedarf beim Warmscheren von Stahl in Abhängigkeit von Temperatur und Schnittgeschwindigkeit
1957, 46 Seiten, 15 Abb., 3 Tabellen, DM 11,35

HEFT 413
Prof. Dr.-Ing. H. Opitz, Dipl.-Ing. H. Siebel und Dipl.-Ing. R. Fleck, Aachen
Richtwerte für das Fräsen von unlegierten und legierten Baustählen mit Hartmetall, Teil II
1957, 56 Seiten, 35 Abb., 4 Tabellen, DM 14,40

HEFT 426
Prof. Dr.-Ing. H. Opitz und Dipl.-Ing. W. Scholz, Aachen
Untersuchungen über den Räumvorgang
1957, 74 Seiten, 36 Abb., 7 Tabellen, DM 16,55

HEFT 447
Prof. Dr.-Ing. F. Bollenrath, Aachen, Dr.-Ing. H. Füllenbach, Seesen (Harz) und Dipl.-Ing. J. Schumacher, Neubeckum (Westf.)
Entwicklung rationell arbeitender Spritzkabinen
1958, 44 Seiten, 26 Abb., DM 13,55

HEFT 465
Dr.-Ing. R. Koch, Köln
Amerikanische Fertigungsunterlagen und ihre Werkstattreifmachung für deutsche Betriebe
1958, 54 Seiten, 19 Abb., DM 17,35

HEFT 474
Dr.-Ing. R. Ibing und Dipl.-Ing. G. Meier, Hannover
Eichung und Entwicklung von Staubentnahmesonden
1958, 32 Seiten, 9 Abb., 2 Tabellen, DM 8,65

HEFT 520
Prof. Dr.-Ing H. Opitz, Dipl.-Ing. H. Obrig und Dipl.-Ing. P. Kips, Aachen
Untersuchung neuartiger elektrischer Bearbeitungsverfahren
1958, 44 Seiten, 35 Abb., 2 Tabellen, DM 14,70

HEFT 521
Prof. Dr.-Ing. H. Opitz und Dipl.-Ing. K. E. Schwartz, Aachen
Das Abrichten von Schleifscheiben mit Diamanten
1958, 72 Seiten, 34 Abb., 3 Tabellen, DM 17,15

HEFT 570
Prof. Dr.-Ing. habil. K. Krekeler, Dr.-Ing. H. Peukert und Dipl.-Ing. O. Schwartz, Aachen
Kerbempfindlichkeit thermoplastischer Kunststoffe abhängig von der Kerbform und der Beanspruchungstemperatur
1958, 40 Seiten, 24 Abb., 12 Tabellen, DM 13,30

HEFT 603
Prof. Dr.-Ing. L. Engel und Dr.-Ing. J. Foerster, Clausthal-Zellerfeld
Gummielastische Stoffe als Dämpfungselemente an schlagenden Werkzeugen
1959, 48 Seiten, 36 Abb., DM 14,70

HEFT 605
Ing. L. Bommes, Mönchengladbach
Bestimmung von Leistung und Wirkungsgrad eines Ventilators
1958, 46 Seiten, 29 Abb., 3 Tabellen, DM 12,60

HEFT 638
Prof. Dr.-Ing. H. Opitz, Dr.-Ing. H. Schuler und Dipl.-Ing. P.-H. Brammertz, Düsseldorf
Die Werkstückgüte beim Feindrehen und Feinschleifen und ihr Einfluß auf die Fertigungskosten
1958, 46 Seiten, 29 Abb., DM 12,80

HEFT 643
Max-Planck-Institut für Silikatforschung, Würzburg
Spannungsmessungen an Schleifkörpern
1958, 38 Seiten, 22 Abb., DM 11,70

HEFT 664
Dr. phil. habil. P. Hölemann und Ing. R. Hasselmann, Düsseldorf-Reisholz
Die Bestimmung der Gasausbeute von Karbid
1958, 22 Seiten, 3 Abb., 5 Tabellen, DM 6,70

HEFT 666
Prof. Dr.-Ing. K. Krekeler, Dr.-Ing. H. Peukert und Dipl.-Ing. B. Frerichmann, Aachen
Die Infraroterwärmung an thermoplastischen Kunststoffen
1959, 82 Seiten, 77 Abb., 5 Tabellen, DM 22,60

HEFT 693
Prof. Dr.-Ing. O. Kienzle, Hannover
Einige Untersuchungen über das Schneiden von Blechen
1959, 56 Seiten, 54 Abb., 3 Tabellen, DM 17,40

HEFT 707
Prof. Dr.-Ing. habil. K. Krekeler und Dipl.-Ing. H. Verhoeven, Aachen
Untersuchungen über Bolzenschweißverfahren
1959, 32 Seiten, 32 Abb., DM 11,—

HEFT 708
Prof. Dr.-Ing. habil. K. Krekeler, Dr.-Ing. H. Peukert und Dipl.-Ing. J. Zähren, Aachen
Die Schweißbarkeit weicher Kunststoff-Schaumstoffe
1959, 34 Seiten, 28 Abb., 3 Tabellen, DM 10,90

HEFT 745
Prof. Dr.-Ing. W. Batel, Aachen
Über die Zerkleinerung zwischen Mahlhilfskörpern in Schwing- und Rohrmühlen und über die Kennzeichnung und Analyse des Mahlgutes
1959, 94 Seiten, DM 27,30

HEFT 747
Dr.-Ing. G. Seulen und Ing. H. Geisel, Düsseldorf
Ermittlung der Einhärtungstiefen beim Induktionshärten mit einer Frequenz von 10 kHz
1959, 26 Seiten, 19 Abb., 2 Tabellen, DM 7,90

HEFT 764
Prof. Dr.-Ing. H. Opitz, Dr.-Ing. H. Siebel und Dipl.-Ing. R. Fleck, Aachen
Keramische Schneidstoffe
1959, 30 Seiten, 18 Abb., DM 9,80

HEFT 770
Dr.-Ing. R. Bressler, Leverkusen
Untersuchung des Wärmeüberganges in einem Dünnschichtverdampfer
1960, 50 Seiten, 37 Abb., DM 15,30

HEFT 771
Dr.-Ing. B. Hille, Aachen
Die Veränderungen des Kornaufbaues während des Betriebsablaufes beim Aufbereiten von bituminösem Mischgut
1959, 87 Seiten, 52 Abb., 20 Tabellen, DM 32,60

HEFT 775
Prof. Dr.-Ing. H. Opitz, Aachen
Automatische Erfassung der Maßabweichung der Werkstücke zum Zweck der selbständigen Korrektur der Maschine
1959, 38 Seiten, 27 Abb., DM 11,40

HEFT 777
Prof. Dr.-Ing. H. Opitz und Dipl.-Ing. P.-H. Brammertz, Aachen
Werkstückgüte und Fertigkeitskosten beim Innen-Feindrehen und Außenrund-Einsteckschleifen
1959, 92 Seiten, 68 Abb., DM 25,30

HEFT 788
Prof. Dr.-Ing. H. Opitz, Aachen
Der Einsatz radioaktiver Isotope bei Zerspanungsuntersuchungen
1959, 36 Seiten, 23 Abb., DM 11,30

HEFT 806
Prof. Dr.-Ing. H. Opitz u. a., Aachen
Untersuchungen von Zahnradgetrieben und Zahnradbearbeitungsmaschinen
1960, 95 Seiten, 81 Abb., DM 29,30

HEFT 809
Prof. Dr.-Ing. H. Opitz und Dipl.-Ing. H. H. Herold, Aachen
Untersuchung von elektro-mechanischen Schaltelementen
1960, 35 Seiten, 16 Abb., DM 11,—

HEFT 810
Prof. Dr.-Ing. H. Opitz und Dr.-Ing. N. Maas, Aachen
Das dynamische Verhalten von Lastschaltgetrieben
1960, 97 Seiten, 77 Abb., DM 29,50

HEFT 812
Prof. Dr.-Ing. O. Kienzle und Dipl.-Ing. K. Mietzner, Hannover, im Auftrage der VDI-Fachgruppe „Betriebstechnik", Düsseldorf
Die mikrogeometrischen Veränderungen der Oberfläche beim kalten Umformen
1960, 47 Seiten, 38 Abb., DM 16,60

HEFT 820
Prof. Dr.-Ing. H. Opitz, Dipl.-Ing. H. Rohde und Dipl.-Ing. W. König, Aachen
Untersuchungen der Spanformung durch Spanbrecher beim Drehen mit Hartmetallwerkzeugen
1960, 44 Seiten, 41 Abb., DM 15,80

HEFT 830
Prof. Dr.-Ing. H. Opitz und Dipl.-Ing. W. Backé, Aachen
Automatisierung des Arbeitsablaufes in der spanabhebenden Fertigung
1960, 43 Seiten, 39 Abb., DM 14,60

HEFT 831

Prof. Dr.-Ing. H. Opitz, Dr.-Ing. H.-G. Rohs und Dr.-Ing. G. Stute, Aachen

Statistische Untersuchungen über die Ausnutzung von Werkzeugmaschinen in der Einzel- und Massenfertigung

1960, 38 Seiten, 32 Abb., DM 13,—

HEFT 864

Prof. Dr.-Ing. H. Opitz, Aachen

Funkenarbeit und Bearbeitungsergebnis bei der funkenerosiven Bearbeitung

1960, 44 Seiten, 19 Abb., DM 13,60

HEFT 894

Dr.-Ing. W. Lindner, Hagen (Westf.)

Vorschlag zur Vereinheitlichung der Hauptabmessungen an handelsüblichen Zahnradgetrieben

1960, 102 Seiten, 19 Abb., 21 Getriebeblätter, DM 31,30

HEFT 900

Prof. Dr.-Ing. Herwart Opitz, Laboratorium für Werkzeugmaschinen an der Technischen Hochschule Aachen

Automatisierung der Werkzeugmaschine für die spanabhebende Bearbeitung

1960, 74 Seiten, 55 Abb., DM 21,—

HEFT 901

Prof. Dr.-Ing. Herwart Opitz, Laboratorium für Werkzeugmaschinen an der Technischen Hochschule Aachen

Lebensdauerprüfung von Zahnradgetrieben

1960, 54 Seiten, 46 Abb., DM 17,30

HEFT 905

Prof. Dr.-Ing. Franz Kollmann, Institut für Holzforschung und Holztechnik der Universität München

Untersuchung der wichtigeren Gebrauchseigenschaften von kunstharzbeschichteten Holzfaser- und Holzspanplatten

1960, 102 Seiten, 38 Abb., 12 Tabellen, DM 30,40

HEFT 927

Civilingenjör Lennart Junghahn, Forschungsinstitut für Verfahrenstechnik an der Technischen Hochschule Aachen

Untersuchungen über die Krustenbildung an metallischen Werkstoffen

1960, 92 Seiten, 44 Abb., 4 Tabellen, DM 27,25

HEFT 928

Prof. Dr.-Ing. Herwart Opitz, Dipl.-Ing. Helmut Rohde und Dipl.-Ing. Wilfried König, Laboratorium für Werkzeugmaschinen und Betriebslehre an der Technischen Hochschule Aachen

Untersuchung des Räumvorganges

1961, 116 Seiten, 90 Abb., DM 36,10

HEFT 929

Prof. Dr.-Ing. Herwart Opitz, Laboratorium für Werkzeugmaschinen und Betriebslehre an der Technischen Hochschule Aachen

Richtwerte für das Fräsen von unlegierten und legierten Baustählen mit Hartmetall. — Teil III

1961, 64 Seiten, 57 Abb., 7 Tabellen, DM 21,30

HEFT 930

Prof. Dr.-Ing. Herwart Opitz und Dipl.-Ing. Rolf Umbach, Laboratorium für Werkzeugmaschinen und Betriebslehre an der Technischen Hochschule Aachen

Modellversuch zur dynamischen Versteifung von Werkzeugmaschinen durch Ankopplung gedämpfter Hilfsmassensysteme

1961, 38 Seiten, 30 Abb., DM 13,30

HEFT 934

Prof. Dr.-Ing. Alfred Henning, u. a., Institut für Kunststoffverarbeitung an der Technischen Hochschule Aachen

Auswertung der in- und ausländischen Literatur auf dem Gebiete des Metallklebens II

1961, 144 Seiten, DM 36,90

HEFT 935

Dr. phil. nat. Erhard Herre, Essen

Korrosionsschutzmaßnahmen in Warmwasseranlagen unter Anwendung von Impf-Phosphaten und des Kethodischen Schutzverfahrens mit Magnesium-Anoden

1961, 110 Seiten, 72 Abb., 7 Tabellen, DM 33,80

HEFT 955

Prof. Dr.-Ing. Herwart Opitz und Dipl.-Ing. Hans Uhrmeister, Laboratorium für Werkzeugmaschinen und Betriebslehre an der Technischen Hochschule Aachen

Die dynamischen Eigenschaften hydraulischer Vorschubmotoren für Werkzeugmaschinen

1961, 60 Seiten, 66 Abb., DM 20,—

HEFT 965

Prof. Dr.-Ing. Herwart Opitz und Dipl.-Ing. Helmut Frank, Laboratorium für Werkzeugmaschinen und Betriebslehre an der Technischen Hochschule Aachen

Richtwerte für das Außenrundschleifen

1961, 78 Seiten, 49 Abb., 4 Tabellen, DM 23, 20

HEFT 966

Prof. Dr.-Ing Dr.-Ing. E.h. O. Kienzle und Dipl.-Ing. Klaus Grüning, Verein Deutscher Ingenieure, Düsseldorf

Die Beanspruchungsverhältnisse in Blockaufnehmern von Strangpressen

HEFT 994

Dipl.-Phys. Ernst Schmidt, Institut der Forschungsgesellschaft Verfahrenstechnik e. V. Leverkusen, in Aachen

Über die Entwicklung eines adiabatischen Kalorimeters zur genauen Messung von spezifischen Wärmen körniger und pulverförmiger Stoffe

1961, 74 Seiten, 24 Abb., 4 Tabellen, DM 21.—

HEFT 1007

Prof. Dr.-Ing. H. Opitz, Dr.-Ing. Gottfried Stute, Laboratorium für Werkzeugmaschinen und Betriebslehre der Technischen Hochschule Aachen

Untersuchung über den Einsatz der funkenerosiven Bearbeitung im Werkzeugbau

HEFT 1008

Prof. Dr.-Ing. H. Opitz, Dr.-Ing. Paul-Heinz Brammertz, Laboratorium für Werkzeugmaschinen und Betriebslehre der Technischen Hochschule Aachen

Untersuchung der Ursachen für Form- und Maßfehler bei der Feinbearbeitung

HEFT 1010

Prof. Dr.-Ing. H. Opitz, Dr.-Ing. P. Kips, Laboratorium für Werkzeugmaschinen und Betriebslehre der Technischen Hochschule Aachen

Grundlagen des elektroerosiven Schleifens bei der Werkzeugaufbereitung und Zahnradbearbeitung

HEFT 1011

Prof. Dr.-Ing. H. Opitz, Dr.-Ing. Günter Ostermann, Laboratorium für Werkzeugmaschinen und Betriebslehre der Technischen Hochschule Aachen

Untersuchung der Ursache des Werkzeugverschleißes

Ein Gesamtverzeichnis der Forschungsberichte, die folgende Gebiete umfassen, kann bei Bedarf vom Verlag angefordert werden: Acetylen / Schweißtechnik - Arbeitswissenschaft - Bau / Steine / Erden - Bergbau - Biologie - Chemie - Eisenverarbeitende Industrie - Elektrotechnik / Optik - Fahrzeugbau / Gasmotoren - Farbe / Papier / Photographie - Fertigung - Funktechnik/Astronomie - Gaswirtschaft - Hüttenwesen / Werkstoffkunde - Kunststoffe - Luftfahrt / Flugwissenschaften - Maschinenbau - Medizin / Pharmakologie / NE-Metalle - Physik - Schall / Ultraschall - Schiffahrt - Textiltechnik / Faserforschung / Wäschereiforschung - Turbinen - Verkehr - Wirtschaftswissenschaft.

GPSR Compliance

The European Union's (EU) General Product Safety Regulation (GPSR) is a set of rules that requires consumer products to be safe and our obligations to ensure this.

If you have any concerns about our products, you can contact us on ProductSafety@springernature.com

In case Publisher is established outside the EU, the EU authorized representative is:

Springer Nature Customer Service Center GmbH
Europaplatz 3
69115 Heidelberg, Germany

Batch number: 10585057

Printed by Printforce, the Netherlands